谨以此书致敬百年“金星”号海洋科考船和我国的海洋科考事业

碧海扬帆

Bi Hai Yang Fan

——太平洋、印度洋观测与科考随笔

张经 著

海洋出版社

图书在版编目（CIP）数据

碧海扬帆：太平洋、印度洋观测与科考随笔 / 张经著. —北京：海洋出版社，2021.4

ISBN 978-7-5210-0730-5

Ⅰ. ①碧… Ⅱ. ①张… Ⅲ. ①海洋—青少年读物 Ⅳ. ① P7-49

中国版本图书馆 CIP 数据核字（2021）第 017095 号

审图号：GS（2021）5735 号

责任编辑：高 英 周 婧

责任校对：朱 林

责任印制：安 森

海洋出版社 出版发行

http://www.oceanpress.com.cn

北京市海淀区大慧寺路 8 号 邮编：100081

中煤（北京）印务有限公司印刷

2021 年 4 月第 1 版 2021 年 4 月北京第 1 次印刷

开 本：889mm × 1194mm 1/32 印张：6.25

字数：115 千字 定价：39.80 元 印数：2000

发行部：010-62100090 邮购部：010-62100072 总编室：010-62100034

照片来源：中国科学院海洋研究所的档案

“金星”号是新中国成立后，第一艘正规建制的、拥有多学科观测能力的海洋科考船，于 1980 年光荣退役。在 20 世纪 50 年代的中、后期，“金星”号科考船参加了我国的第一次全国性海洋普查。它于 1918 年建造下水，1957 年被改装成为“海洋调查船”，并执行了 1958-1959 年期间，我国在渤海与北黄海进行的包括物理、化学、生物和地质的多学科海洋综合调查。“金星”号海洋科考船船长 57 米、吃水约 4.0 米、船舶的满载排水量是 1 480 吨，速度为 10.6 节。

2020 年是“金星”号海洋科考船退役 40 周年。当年它在执行海洋科考任务时，我本人还没有出生。我在和一位卸任的科考船长聊天时，谈及“金星”号科考船对我国海洋事业的贡献，讲到它所传递和承载的海洋人勇于探索、自力更生、艰苦奋斗、奉献自己的无畏精神，令人动容。因此，我把多次随“科学”号和“实验 3”号这两艘海洋科考船出海观测的经历，在本书中冠之以随“金星”号出海，以表致敬和怀念之情。

在出海中，有许多次我站在甲板上的船舷旁，望着四周那碧蓝无垠的大海出神。那时，在内心中常常会思忖：当我们窥测海洋中奥秘的同时，在这静谧而神秘的海面之下，是否同样也有无数的目光在关注着我们的一举一动？

——张经

序
Preface

写这本小书的初衷，是尝试从参加海洋科考船上的观测活动的角度出发，认识海洋和学习海洋科学。通常，在海洋科学的教科书中，是不深入涉及如何进行现场观测海洋的内容。然而实际情况恰恰是，海洋科学是对观测依赖性很强的学科，几乎所有的原始数据都是在出海观测的活动中产生。因而，如果一个研究生没有海洋观测的经验，对于发生在海洋中的事情的理解就难免会产生一些偏颇，或者有“纸上谈兵”之嫌。

在我个人看来，海洋是一个十分复杂的体系。与我们生存的陆地相比，除了与人本身有关的事情之外，几乎什么样的生命过程都有。而且，海洋本身因其流体的性质和运动特点，又与地球上的其他圈层（例如：大气圈、岩石圈与生物圈）是那样的不同；以至于若将自然科学的其他分支的研究成果和经验，直接照搬和套用在海洋科学中往往是失效的。从我个人的角度，海洋科学研究的真正魅力和挑战是在开阔的海洋，海洋科学的基本理论探索和技术发展的前沿也诞生于此。在近岸地区因为受到局部/地域的因素和人类活动的影响，往往海洋本身固有的特点和性质被“掩盖”了。然而，研究开阔海洋，并从那里探索海洋科学的真谛，需要社会的经济实力达到一个相当的水准,国家的技术和工程实现的能力也需提升到相当的层次。毕竟，海洋科学所面对的是占地球表面积达 70.8% 的区域，或者说是着眼于整个蓝色的星球（注：我们这个星球的表面达 70.8% 为海洋所覆盖，所以若从空间，譬如卫星的角度进行观察，地球表面的主体是蓝色的)。从某种意义上讲，发展中国家受限于经济实力和技术上的实现能力，对海洋的研究工作多局限于毗邻的近海，关于开阔海洋领域的研究和探索目前基本上都是为世界上经济发达的国家所掌控。举目四下望去,在我们这个星球上，恐怕找不到一个国家，那里的海洋科学研究的水准很高，但是技术上的实现能力很差。倒过来，我也没有看到有哪一个国家，其技术十分前沿，却做不好海洋科学研究的。

这本书是我利用在出海期间的值班和业余时间所写的。我希望本书的读者能够理解：在这个世界上，科学研究是不同国家之间就“民族智慧”的竞争，而海洋科学尤为如此。在这个残酷的竞赛中，国家之间就科学与技术的考量是一种横向的比较。我本人自 1990 年从欧洲回国后，一直在希望与痛苦之间彷徨和挣扎、备受煎熬，准备着有朝一日能够继续从事针对开阔海洋的研究。但是，真正能够利用我们国家自己的科考船在开阔海洋开展我自己本专业的教学和研究活动，却是在 20 多年之后的事情了。

本书也是为那些希望对海洋科学有所了解的人士所写。我不确信这本小书对于那些对这个世界充满好奇心的孩子们来说一定合适，内容也许有些晦涩。但是，读者可以是高中生、在大学里面读书的本科生与研究生，以及对海洋科学感兴趣的非专业人士。在专业人士或学术同行的面前，我不免有班门弄斧之嫌。这里，我尽量用通俗易懂的语言介绍关于海洋观测的一些事情，避免用任何的公式以及生僻的专业术语。在本书中，不同部分的内容之间也相对比较独立，如果读者发现其中的某一个部分叙述罗嗦、专业性的术语多了一些，可以直接跳过去。我希望这样做能够引起公众对海洋科学的研究和教育的兴趣，但又不至于因为海洋中复杂的具体研究问题望而却步。坦率地讲，海洋科学所涉及的领域远远超出我所能够理解的范畴，所以本书所讲述的故事也仅仅是同大家分享我个人在出海观测中所积累的经验和感悟，这其中也有片面甚至也会存在个人理解错误的地方。特别地，因为尊重版权和在不伤害我的同事们的个人隐私的前提下，对在本书中所涉及的单位、船、人的姓名和称谓等都进行了“虚构化”的处理，但是所讲述的故事基本上都是来自于我本人在不同的出海观测中的真实体验。最后应该说明的是，我本人无意也并不希望在这本小书中有“冒犯”

之举或者“不尊”之嫌。相反,对那些曾经与我朝夕相处的同事、学长、老师以及学术前辈们，我更希望在此表达发自内心深处的敬意。我平生所学、所知，完完全全承蒙他（她）们的引领和启迪，将我带入海洋科学的殿堂。然而，若是在文中出现属于“冒犯”或“不尊”的事情，我在此表示诚挚和深深的歉意。

2020 年 4 月 28 日

目录
Contents

青岛港（注：中国海洋科考船在北方的重要停泊基地）一瞥

Chapter 1

第一章 准备启航

其实，一个人是否具有在海洋科考船上生活与工作的经历，从他或她在第一天登船时的举止上就可以猜出几分。那些头一次上船工作的年轻人往往会对眼前的许多事情感到新奇，到处逛逛、问东问西。而那些久经沙场的“老兵”们更加在意的是分配的实验室在哪里、甲板上的作业环境怎样，以及携带的器材与物资存放在何处比较安全和方便使用之类的问题。

01

在开阔的海洋中进行观测，通常在每一个测站要做的内容都比较多，时间耗费也长，相邻的测站之间的航行距离也比较远。而且，科考船在执行针对开阔海洋的观测任务过程中，不分昼夜，在夜间值班和作业也是司空见惯的。更何况，在科考船上，海洋观测工作的人手十分有限，这就要求每一个人都要一专多能，而且不会像在陆地上的工作岗位那样按部就班地轮岗。我记得此前在另外一艘科考船上工作时，政委在做安全教育的结尾时特地强调说，除了在停靠码头的时候，在任何一个时间，船上都会有人在上班、睡觉和休息，请大家务必尊重他人的作息时间。特别地，由于海洋科考船的空间和承载能力都有限，上船工作的每一位队员所承担的工作内容和任务也比较多。在夜间值班时，常常会感到倦怠，于是抽烟、喝咖啡等等都成为休息和调节生活的重要方式。此外，很多人在船上工作和生活时，会遇到诸如“不适应”或者“晕船”之类的困难。在一些场合下，这类问题会变得很严重。克服这些困难的过程，也是对生理和心理的双重挑战。其实，每个人在船上工作时，都有一个适应的过程。毕竟，在船上工作不比在陆地上生活那般平稳、规律与安逸。我曾经问过那些号称不晕船的同事，他（她）们回答说在船上工作和生活时也感觉是不舒服的，只不过相对其他人而言稍微“轻”一些，且在心理上对自我的掌控能力更强一些。就我本人来说，在每一次出海观测期间的头一个礼拜到 10 天左右的时间内也会晕船。而且，在刚刚结束长时间的海上工作之后，重新回到陆地上时又会“晕地”，走起路来“东摇西晃”的。这许多年来，一直没有改善的迹象。

在远洋作业的专业船舶上，除了船长和政委之外，通常还下辖两个部门：一是驾驶和甲板作业部门，包括大副、二副和三副，水手长（水头）、水手和驾驶员，厨师、医生和服务员等；另一个是轮机和修理部门，包括轮机长（“老轨”）、大管轮、二管轮与三管轮，机电员、机工长和机工等。据说，在船上轮机长的待遇同船长一样。船上的工作与生活就像一个小型化的社会，每个人的分工和职责都是十分明确的，包括作息时间也都很有规则。以在驾驶室的值班为例，0-4 时是二副、4-8 时为大副，而到了 8-12 时就轮到三副，世界上所有的船只都是如此。在“金星”号海洋科考船上，因为装有比较大型的观测设备，像测量海水流速的走航式声学多普勒流速剖面仪（ADCP）、扫描水下地形的多波束声学剖面仪，以及用于海洋剖面观测的温盐深多参数剖面仪（简称 CTD，其中 C：电导率 / 盐度，T：温度，D：

压力 / 深度）等，于是出现了第三个部门：工程技术部。该部门中的工程师就负责操控、保养、维护与修理这些比较重要的、笨重且又安装在船体上的设备。在航次期间，工程技术部门的成员也负责为不同的学科与观测活动提供人力和技术方面的支持。

同样地，与早期以探险和发现 / 征服“新大陆”为目标的航海与测量活动不同的是，现在的海洋观测大多数是以明确的科学问题为导向的，具有多学科交叉或整合的特点。通常，参加科考航次的队员来自不同的单位，具有不同的专业和知识背景，在船上从事着目的不同的研究项目和实验工作。依据海洋观测的内容、海区和时间，以及船只的性能和特点，每个航次上船的科考队员的数量和专业也是不同的，但一般在 30～40 人。参加观测航次的科考队员在上船时，也会随身携带一些具有特殊用途的仪器和设备上来（注：上船后需要做的第一项工作就是将仪器和设备在指定的位置固定好并进行调试）。因此，在对每一个航次开始进行计划的时候，就会召开一些相关的“协调会”，一般是由负责航次的单位或者课题的负责人出面组织和协调。在会上，就参加航次的各个课题的观测任务、时间和测站设计、上船的人数、现场作业的内容和技术需求等等进行讨论与协商，最后形成一个可以执行的总体方案。同时，在整个航次的实施过程中，会通过举荐或者任命的方式，分别确定一位首席科学家与一位科考队长。前者负责实现整个航次的科考任务，包括与船舶协调、执行观测的计划与确定航行路线等，后者则负责整个科考队的生活和其他方面的事宜。

所有参加海洋科学观测的科考队员，不论新的、老的，上船之后都要接受安全和救生方面的培训。必要时，在海洋科考船上会组织消防和救生方面的演习。此外，在上船后每一个人都会收到一张“应变任务卡”（图 1.1），放置在寝室中的床边。在“应变任务卡”上会注明姓名、职务、编号、遇险时所搭乘的救生艇 / 筏号和位置等。接下来的说明内容是当遇到各种危险

应变任务卡

编号:32	职务：队员	姓名：张经	艇号 2	筏号 2

消防	信号	………… 短声连放一分钟之后接火警方位信号 — 船首 — — 船中 — — — 船尾 — — — — 机舱 — — — — — — 居室
	任务	听从指挥
弃船救生	信号	• • • • • • • — 重复连续放一分钟
	任务	穿好救生衣到集合地点集合
人员落水	信号	— — — 重复连放一分钟
	任务	听从指挥。
溢油	信号	• — — • 重复连放一分钟
	任务	听从指挥
堵漏	信号	— — • 重复连放一分钟
	任务	听从指挥
解除	信号	——— 连放一分钟

图 1.1　海洋科考船上的“应变任务卡”。原图取自“科学”号海洋科考船。在卡片上明确地标注了姓名、在不同的应急状态下需要承担的任务，以及在危急时刻搭乘救生艇 / 筏的编号与位置。需要说明的是，在船员与科考队员的“应变任务卡”中所标注的内容和责任是不同的

情况时，船上发布的信号、指令和需要承担与完成的任务提示。例如，当遇到火灾时，船上的警笛会连续一分钟发出短音，后接火警方位的长音信号；若遇到人员落水的情况，则是三长音连续放一分钟，如此等等。需要说明的是，船员与科考队员的“应变任务卡”中所标注的内容和责任是不同的。

经过这些培训活动之后，我在“金星”号海洋科考船上的工作和生活才算正式地开始。

Chapter 2

第二章 躁动不安的海水

通过现场观测，以求得对海水的性质和运动状态的理解，是我们得以认识海洋的基础和迈出的第一步，也是对海洋科学的理论和模型进行检验的重要手段。

02

2015 年 11 月，来自北极的第一波寒潮席卷了东亚地区，祖国的北方开始下了第一场雪。在西伯利亚的高压和位于阿留申群岛的低压的相互作用下，强烈的北风在西北太平洋的上空肆虐。远处的海面上泛起白色的浪花，我站在船的后甲板上，不禁打了个寒噤（图 2.1）。

此时，“金星”号海洋科考船正由北向南行驶在黄海（Yellow Sea）和东海（East China Sea）的交界处附近。离开青岛已经一天了，“金星”号四周的海水也从刚离港时的比较浑浊逐渐变得清澈起来。我们此行是前往赤道太平洋地区执行一个“热带西太平洋的潜标观测阵列”的科考项目。这是一艘具有 30 多年船龄的科考船，已经到了“超期服役”的年龄。那白色的船身上的斑斑锈迹，记录着过往岁月留下的沧桑。两台当年由东欧国家制造的低转速柴油机，各自大约 5 000 匹马力（注：1 马力 = 0.735 千瓦），通过水下的两个螺旋桨推动那 100 米长、3 500 吨位的船身奋力向前。我住的舱室位于三层甲板，就在机舱的旁边。

图 2.1 “科学”号海洋科考船在航行途中，遭遇恶劣的寒潮天气，海浪从船头的前方“扑面而来”

躺在床上可以听到那马达在运转时发出吭哧、吭哧的声音；感受到船身也在风浪中有节奏地晃动，仿佛一个醉汉在路上东倒西歪地行走一般。

“金星”号从毗邻黄海的青岛出发时，周边的海水是淡淡的黄绿色，在进入东海后海水开始变蓝，再向东南进入黑潮（Kuroshio Current）水域后海表的颜色更深了，变为有些发黑的蓝色。由于受到地球的转动（注：包括自转与公转）、天体之间的引力（例如：地球、月亮和太阳之间的相对位置）、海洋与大气之间的相互作用等方面因素的影响，海水的运动是有规律可循的，或曰：在海盆尺度上，水的流动具有一定的结构特点。海水在三维坐标尺度上的运动格局，笼统地可称之为流场（Flow Field）。像黑潮便是海水在北太平洋西侧沿着陆地的边缘由南向北运动的一支海流，属于西边界流。在北大西洋与之对应的则是湾流（Gulf Stream）。我记得一位学术界的前辈曾经对我讲过，在传说中，早期的船只在途经黑潮区域时，因此处海水的流速比较急、海水的颜色更是蓝得发黑，武士们列队站在甲板上仗剑以待，那情形甚是紧张。

“金星”号海洋科考船从东海向南进入西太平洋有三个主要的通道：一是经过台湾海峡后折向东、取道吕宋 / 巴士海峡，二是经过台湾东面的水道，再就是穿过宫古海峡（图 2.2）。台湾和琉球群岛属于我们通常所称谓的“第一岛链”。出了第一岛链就进入了广袤的太平洋。当然，也可以向东航行，从琉球群岛和日本本土之间的吐噶喇海峡穿过，然后折向南进入太平洋。据说，当年葡萄牙人麦哲伦率领的探险船队从南美洲的火地岛附近进入这片广袤无垠的水域后，在接下来的数月航行中，一直风平浪静，故称之为“太平洋”。

在热带的太平洋，流场也像大西洋和印度洋一样具有明显的结构特点。本航次的首席科学家是一位物理海洋学家，他在航路上简要地给我介绍了观测海域的环流格局：北赤道流（North Equatorial Current）在北纬 14 度附近由东向西流动，在菲律宾附近产生了分支，形成向南的棉兰老流（Mindanao

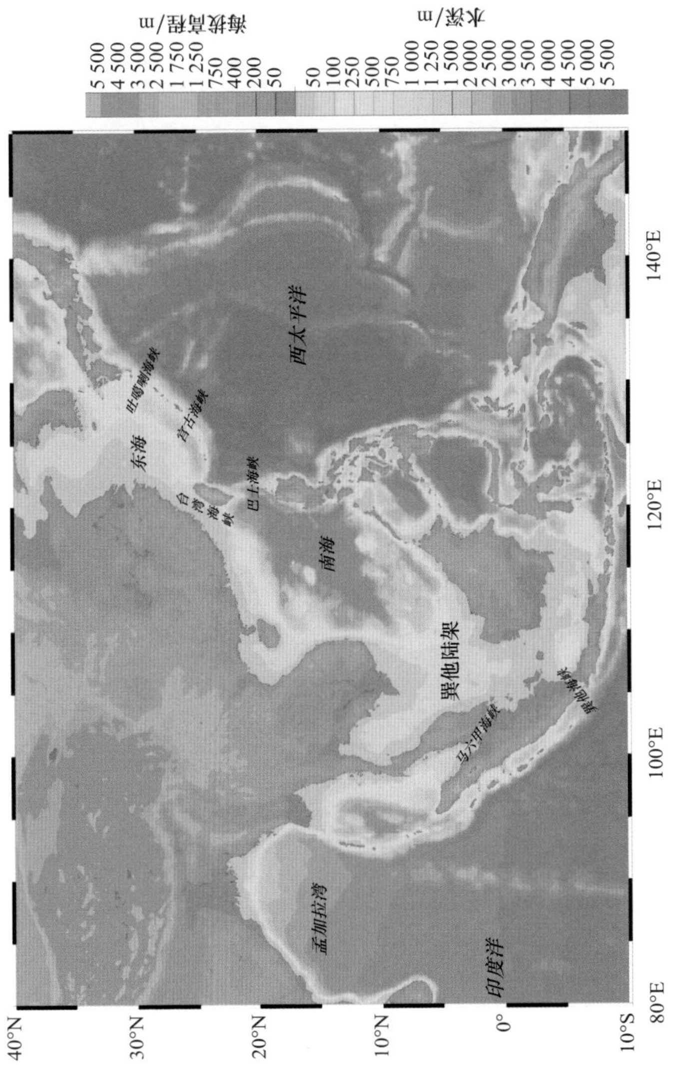

图 2.2　从东海陆架进入西太平洋的几个重要的通道。在图中显示了从东海陆架出发，穿过第一岛链进入西太平洋所需经过的几个重要的通道，包括台湾海峡、巴士海峡、宫古海峡和吐噶喇海峡等（绘图：郑薇）

小贴士

2.1　环流结构

海水在地球与其他星球之间的引力、地球的自转、海表上空的风场，以及海水本身密度的变化等因素的作用下，会在海盆的空间尺度上产生具有定常特点的流动。在高纬度地区由于海水密度的差别，具有低温和高盐的海水会下沉，然后在深层从两极向低纬度和赤道运动，形成热盐环流（Thermohaline Circulation）。譬如，北大西洋的深层水和南极的底层水都具有这样的特点。在中、低纬度地区，海洋上层的几百米水深范围在风场的作用下，也会发生有规则的流动，形成风生环流（Wind-driven Circulation）。例如，在赤道附近地区的上层流系多与海表上空的大气风场有关。

海洋中的环流结构对毗邻陆地的气候和海洋本身的生态系统都具有重要的影响。譬如，在大洋的东岸，气候总是要比同纬度的西岸更为宜居一些，世界上重要的渔场的分布格局也同环流的结构有关，例如南美的秘鲁与西非的纳米比亚的外海。

Current）和向北的黑潮（图 2.3）。在北赤道流的下方，是自西向东流动的北赤道潜流（North Equatorial Under-Current）。再向南，在北纬 5 度附近，我们将会遇到向东的北赤道逆流（North Equatorial Counter Current），以及在更低纬度附近的赤道潜流（Equatorial Under-Current）和在南边的南赤道流（South Equatorial Current）[①]。物理海洋学家说，相对而言，我们对海洋

① Hu D., Wu L., Cai W., et al. (2015) Pacific western boundary currents and their roles in climate. Nature, 522: 299–308.

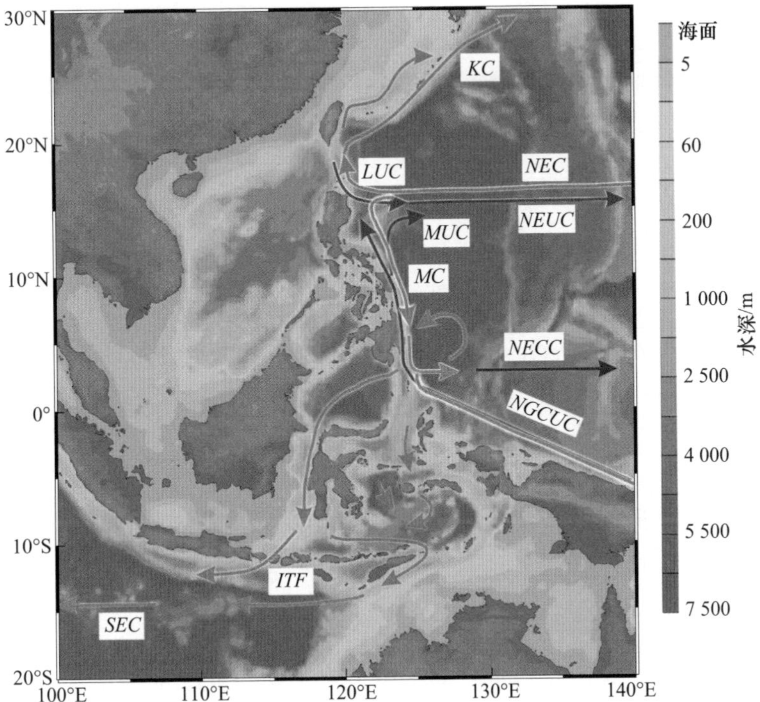

图 2.3　影响热带西太平洋上层海洋的环流结构。图中的流系主要包括北赤道流（NEC），北赤道逆流（NECC），黑潮（KC），棉兰老流（MC），棉兰老潜流（MUC），印度尼西亚贯穿流（ITF），南赤道流（SEC），北赤道潜流（NEUC），新几内亚近岸潜流（NGCUC）和吕宋潜流（LUC）等。此图系根据 Hu et al.（2015）①的结果重新绘制并简化。在图中，与北赤道流相关的表层流系采用浅蓝色表示，深层流系用紫色表示，北赤道逆流用深红色表示；在海洋部分，不同的色阶代表海水深度的变化（绘图：郑薇）

上层的流场结构的认识比较透彻，而对于深层海水的运动，由于观测技术的限制，认知还比较匮乏。

然而，在教科书或发表的文献中关于环流的结构大都是基于不同时间的观测结果的归纳和总结，更像是一种“平均”的状态。在真实的海洋中，流场在三维坐标尺度的结构会随着时间和空间的不同显示出变化的特点。譬如，某一海流的影响范围、核心位置，以及流速 / 流量等特征参量，在不同的时间和上、下游的不同观测地点之间都会有差别。不同的海流之间，它们彼此的边界在水平和垂向上模糊不清，并且也是变化的。

近期，物理海洋学家们通过对布放在沿东经 130 度、北纬 8～18 度之间的水下潜标阵列中的 ADCP 记录的数据进行分析，发现北赤道流分布在北纬 8.5 度到 15.5 度这样一个十分宽广的区域，在垂直方向上从海面算起一直到水深 400 米的地方；相对地，在它下面的北赤道潜流影响的范围则更靠南面一些。北赤道流的速度比较稳定，而北赤道潜流在空间上的变化相对比较大，在有些地方更像是以射流（Jet Flow）的形式运动。潜标上记录一年的数据表明，在东经 130 度断面的南、北两段，流速的剖面结构变化的驱动机制可能是不同的。科学家们分析，在北纬 15 度以南发生在温跃层附近或以下的过程其影响显著，向北以在表层强化的因素产生的驱动作用更为重要，例如涡旋（Eddy）的贡献。有人猜测上述这些空间格局的变化，系由受到在更大范围的能量和物质传输的控制导致的。此外，在统计上，东经 130 度断面的潜标阵列数据存在着很强的 70～120 天的周期性变化的特点，亦即季节内的变动信号很强[②]。

经过几天的航行，我们抵达了西太平洋的作业区。我在船上的不适与晕船反应也得到了一些缓解。一天的早上，我尚在朦胧之中，感觉到“金星”号的速度减下来了，并且开始在海面上滑行。在船几乎完全停下来的时候，首席科学家通过对讲机要求驾驶室将船身掉向、船头顶流、右侧迎风。然后，首席科学家指挥工程技术部门的值班工程师们，在后甲板的右舷，将一个装有 24 个 12 升采水瓶的梅花式 CTD（也有人称之为莲花式 CTD）以 0.8 米 / 秒的速度释放入水。在位于工作甲板上的地球物理集控实验室的显示器屏幕上，我们可以观察通过绞车电缆实时传输回来的由水下 CTD 探头记录的海水物理性质的剖面（图 2.4）。通常，在海洋科考船上配备的 CTD 传感器组包括可以实时测量压力 / 水深、电导率 / 盐度、温度、溶解氧、体外荧光 / 叶绿素、浊度等参数的探头。我们也是根据这些参数来判断和分析在垂向剖面中海水的结构和性质。譬如，物理海洋学家根据 CTD 记录的温度和盐度数值可以计算出某一层海水的密度，再将不同地点的 CTD 数据剖面进行整合，能够分析出不同类型的水团（Water Mass）在三维空间中的结构。

---

② Zhang L., Wang F., Wang Q., et al. (2017) Structure and variability of the North Equatorial Current/Undercurrent from mooring measurements at 130°E in the Western Pacific. Scientific Reports, 7: 46310, doi:10.1038/srep46310.

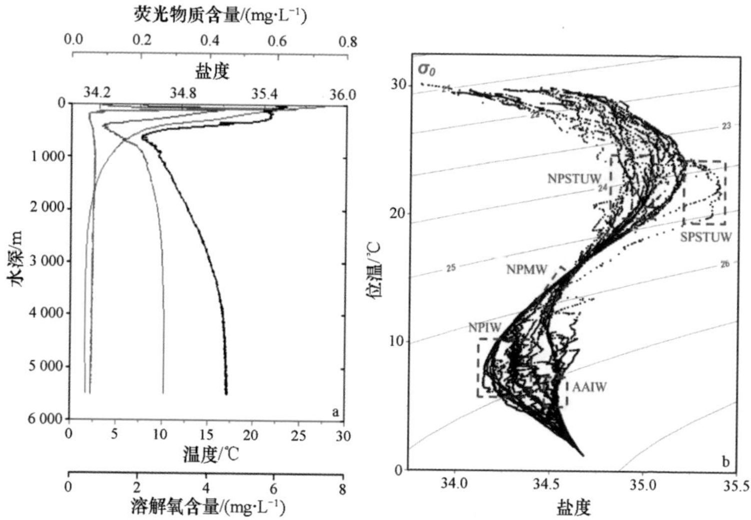

图 2.4　热带西太平洋沿着东经 130 度、北纬 2～20 度的梅花式 CTD 观测数据。其中包括某一个测站的温度、盐度、溶解氧、体外荧光（俗称：叶绿素）信号随深度的变化特点（a），以及东经 130 度断面上的位势温度和盐度的关系（b）。图中的数据来自“科学”号科考船 2016 年秋季和 2017 年期间执行的国家自然科学基金委员会共享航次的观测。利用梅花式 CTD 测量的温度和盐度数据，可以分析海水剖面中的不同水团类型和计算样本的密度（σ_0，即图中灰色的曲线）。在东经 130 度的断面中，可以观测到几个重要的水团，它们分别是：北太平洋副热带次表层水（NPSTUW），南太平洋副热带次表层水（SPSTUW），北太平洋模态水（NPMW），北太平洋中层水（NPIW），南极中层水（AAIW）等等（绘图：蒋硕）

生物海洋学家根据记录的荧光信号，寻找出浮游植物和叶绿素的峰值与变化范围，再依据温度和盐度的变化推算和确定真光层（Euphotic Zone）的厚度。化学海洋学家依据梅花式 CTD 记录的剖面，能够认识溶解氧含量变化的特点，确定其最小值出现的深度。沉积学家则依照垂向浊度的剖面，认识水体中悬浮颗粒物的分布特点，以及是否存在海底沉积物的再悬浮，或者在某一水层中出现悬浮颗粒物的峰值等等。

2.2 水团

水团是指来自相同的源地和具有相同的形成机制的一个水体。在其内部的物理性质是比较均匀的，但是与周围的其他水体之间具有明显的差别。水团通常以其特有的密度，以及在海盆中的特定空间位置进行甄别，其中密度是温度、盐度和压力的函数。

认识和区分不同性质的水团在海洋科学的观测中是一项基本功。不同的水团之间，在化学成分的特点（譬如：营养盐的含量）等方面常常具有显著的差别，因而对于水团的理解也可以帮助我们分析物质的来源、认识元素循环的差异等。

随着甲板上的钢缆一米一米地向深蓝色的海面以下不断地延伸，梅花式 CTD 记录的压力逐渐增加、海水的温度开始下降。简单地讲，在海面以下深度每增加 10 米，压力便提高了一个大气压的量级。赤道地区的海表水温在 30 摄氏度左右，当梅花式 CTD 位于水下 5 000 多米深的海底时，记录的水温已经降到了 1～2 摄氏度。出海时，学生们出于好奇，带了一些泡沫材料的咖啡杯（容积：250 毫升或 500 毫升）并在上面作图和写下一些祝福的话语。然后，将这些咖啡杯捆绑在梅花式 CTD 的支架上一道释放下去。几个小时以后，当梅花式 CTD 从数千米的水下被重新回收到后甲板上时，那些泡沫材料的咖啡杯已经被海水挤压成乒乓球般的大小（图 2.5）。

图 2.5 出海过程中，学生们出于好奇，将 500 毫升的泡沫咖啡杯绑在梅花式 CTD 的架子上一道下水，回收后杯子的“个头”缩小了许多

在赤道附近的海域，水深通常都有 5 000～6 000 米。从甲板上将 CTD 释放到接近海底的深度，然后再回收到后甲板上来，在海况不好的时候要做 5～6 个小时。通常的做法是，在 CTD 下放的过程中采集关于海水剖面结构的数据，并且依据这些信息确定采水的层次。在回收梅花式 CTD 的过程中，通过甲板上实验室中的计算机控制单元将采水瓶在所需的深度依次关闭。在半个世纪之前，当时利用 CTD 设备的实时观测技术尚未成熟，海洋学家需要将单个的采水瓶挂在钢缆的不同部位上，并将海水的样本采集到甲板上以后才能够测量温度和盐度。那时，观测和采样的深度都是依据所谓的“标准层”，例如：0 米、10 米、50 米、100 米、200 米、500 米、1 000 米等等，一直到海底，

2.3　梅花式 CTD

梅花式 CTD 是一种现代海洋科学的必备和常规的甲板观测设备。通常采用美国 Sea-Bird Electronics 公司生产的 Sea-Bird 911 Plus 型号的 CTD（C：电导率 / 盐度，T：温度，D：压力 / 深度）。在商业化的 CTD 中，一些型号的产品其设计的耐压深度可达到 10 500 米。在 CTD 上可配置体外荧光 / 叶绿素、浊度、溶解氧等各种类型的探头，以满足不同观测项目的需求。在 CTD 的外围，通常加装 12 个或 24 个 PVC 材料制作的采水瓶，用于采集不同深度的海水样本。从顶端俯视，CTD 和周围的采水瓶构成一个像梅花或莲花一样的图案（图 2.6）。

在作业时，CTD 可采用两种方式操控：自容式与直读式。前者是在梅花式 CTD 下水之前，从甲板上将需要采集水样的层次和瓶数预先通过计算机将指令输入，这样当梅花式 CTD 到达指定深度时，压力 / 深度传感器会将相应的采水瓶关闭。后者则是利用同芯电缆将 CTD 采集的温度、压力 / 深度、电导率 / 盐度等参数直接传输到甲板上的计算机控制单元，然后操作人员根据不同水层的信息确定采样的深度和瓶数。当梅花式 CTD 回收时，通过甲板的控制单元指令采水瓶按照顺序在不同的深度依次关闭。

非常地耗时和费力。现在的梅花式 CTD 上装备的传感器组合，一般数据采集的频率都在几赫兹到几十赫兹，精度也比手工测量的技术提高了几个数量级，而且可以根据需要进行数据的实时传输，大大地提高了工作效率和数据采集的质量。

有了这些从梅花式 CTD 观测系统采集的海水中温度、盐度，以及溶解氧和体外荧光等方面的信息，海洋科学家可以对测站剖面中不同水团的结构和组成进行一个基本的分析。例如，沿着东

图 2.6　用于进行海水剖面观测和采水的梅花式 CTD 的结构，摄于“科学”号海洋科考船。该设备装有一台 Sea-Bird 911 Plus 型号的 CTD，上面搭载了溶解氧、体外荧光 / 叶绿素、浊度探头，还装备了 24 个容积各为 12 升的尼斯金（Niskin）采水瓶。在梅花式 CTD 支架上还可以加挂下放式 ADCP（注：位于侧面的外挂支架），用于进行海水流速的剖面观测

经 130 度，从北纬 20 度到北纬 2 度的断面上，利用梅花式 CTD 记录的盐度和温度可以甄别出不同类型的水团（图 2.4）。在图 2.4 中，从海表到海底 5 000 多米的垂向范围，可以看到诸如北太平洋副热带次表层水、南太平洋副热带次表层水、北太平洋模态水、北太平洋中层水和南极中层水等不同的水团，以及它们彼此之间的相互位置关系。此外，依据温度和盐度的数据，可以计算出海水样本的密度，从而对这一地区不同的测站的海

水剖面的结构稳定性做出进一步的分析。在世界的不同海域，都可以利用观测的温度和盐度数据对各个测站的海水剖面结构进行分析，划分出不同的水团类型。在此基础上，将温度、盐度性质不同的样本依据不同海域进行区分，并参照其他的观测数据，能够帮助海洋科学家确定不同类型的水团在海洋中的空间分布格局和变化的情况。在现代海洋科学诞生 200 多年后的今天，利用观测的温度、盐度进行水团性质的分析和类型的划分依然是一项十分重要的基础性研究工作。在海盆的空间尺度，利用海水的温度、盐度资料能够帮助确定不同类型的重要水团的影响范围和分布的深度。图 2.7 即表明在大西洋的垂向剖面中，在格陵兰岛附近混合并下沉的北大西洋深层水（North Atlantic Deep Water）向南一直可以影响到南纬 50 度附近，发源自威德尔海的南极底层水（Antarctic Bottom Water）沿着海底向北一直运动到赤道。在北半球的纬度 35～40 度区域、水深 1 000 米附近，可以看到来自地中海的高温、高盐的水团（Mediterranean Seawater）在进入北大西洋后的分布情况。此外，在南极的外侧，与绕极流有关的中层水（Antarctic Intermediate Water）在下沉后沿着 1 000 米的深度向北一直可以影响到北纬 10 度附近的地方（图 2.7）。

然而，海水是在不停地运动的，而且这种运动也会受到许多因素的影响。在占地球表面积 70.8% 的广袤无垠的海洋中，仅仅依靠科考船在有限的时间和有限的地点进行零散地观测，显然

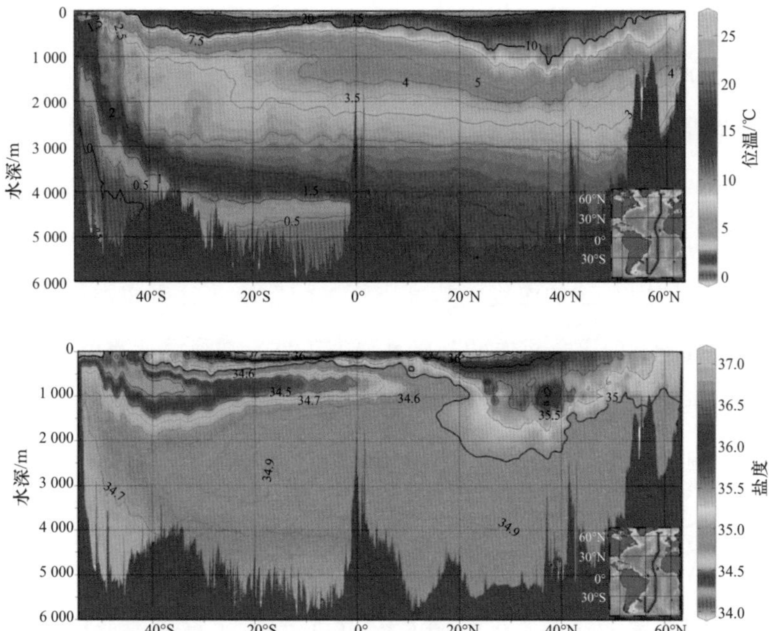

图 2.7　利用温度、盐度数据总结出的大西洋的水文结构剖面。此图出自世界海洋环流实验(World Ocean Circulation Experiments，WOCE)的结果(网址：www.ewoce.org/Gallery/Map_Atlantic.html)。上图显示出从北大西洋的格陵兰岛 / 冰岛附近到南半球的南极半岛 / 威德尔海地区的位温的剖面结构，下图则是对应的盐度断面。根据温度和盐度的剖面结构，可以甄别出北大西洋的深层水（温度：2～4 ℃、盐度：约 34.9）、南极底层水（温度：约 -0.5 ℃、盐度：约 34.8）、南极次表层水（温度：约 5 ℃、盐度：约 34.4）等重要的水团在整个大西洋中的分布格局与影响范围。此外，在北纬 30 度至 40 度附近、水深 1 000 米附近的高温（约 10 ℃）、高盐（约 35.5）的信号表明受到来自地中海的影响。在靠近赤道和南、北半球的低纬度地区，表层水中的温度和盐度相对都比较高

不能够满足人类对海洋探索和认知的需求。而且，仅仅在某一个时刻和在某一个测站对 CTD 剖面中揭示的水团结构进行分析，既不能够告诉我们这些“看”到的不同水体从哪里来、到何处去，也不能够回答关于这些“水团”的诸如“年龄”和“运动速率”等方面的重要问题。因而，在世界海洋的不同地方，海洋科学家们通过组建潜标阵列的方式，在重要的海区采集具有时间序列特点的观测资料，通常连续记录的时间以一年为周期。所谓潜标，就是利用重力锚通过缆绳将一串挂有满足不同需求的探测设备链固定在海底，为了防止设备链被作业的拖网渔船损坏和丢失，其顶端的标识浮球一般埋伏于水面的 200 米以下（图 2.8）。我见过用于重力锚的材料是废弃的火车轮、铸铁锭、旧锚链等。观测的仪器依照设计固定于一根高强度的凯夫拉（Kevlar）缆绳上，在水下形成锚系的链状结构。那凯夫拉绳索可承受 5～6 吨的拉力，密度（1.04 克 / 立方厘米）和常规的海水十分接近，因而在海洋中几乎成为“零”重力。用来连接重力锚、浮球的铁链上装了化学性质更为活泼的金属锌块作为保护，以减缓来自海水腐蚀的影响。在潜标上固定的观测设备主要包括：利用声学原理测量海水运动的多普勒流速剖面仪（即：ADCP）、温度 / 电导传感器、海流计等，有一些潜标上还配备有采集沉降悬浮颗粒物的沉积物捕集器（Sediment Trap）或者原位海水过滤的设备（图 2.9）。从坐落在海底的重力锚向上，整个潜标链通过在不同深度配置的浮球组悬直在几千米深的海水中。此次，我所搭乘的“金星”号海洋

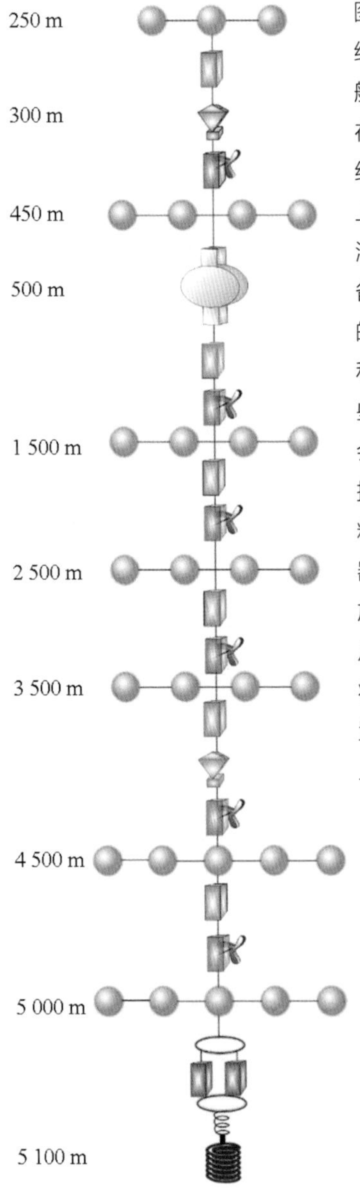

图 2.8　开阔海洋布放的水下潜标的组装结构示意。此图系根据“科学”号科考船在热带西太平洋与“实验 3”号科考船在赤道东印度洋布放与回收的潜标组装结构简化而来。通常，会在水深 500 米上下的地方设置一个主浮球，除了提供浮力之外，在上面会装有两套 ADCP 设备，用于观测上层 1 000 米范围内流场的变化特点。根据水团的垂向分布特点和观测的需求，会在不同的深度设置一些观测流速、温度和盐度的设备。另外，会在真光层之下（注：200～300 米）和接近海底的深度，设置用于观测悬浮颗粒物的沉降通量及其变化的沉积物捕集器。整个潜标链通过两个并联的声学释放器与锁定于海底的重力锚相连接。当从甲板上利用声学指令将处于“休眠”状态的声学释放器“激活”并将锁闭装置打开后，整个潜标将在浮球的引领下上浮至海表（绘图：郑薇）

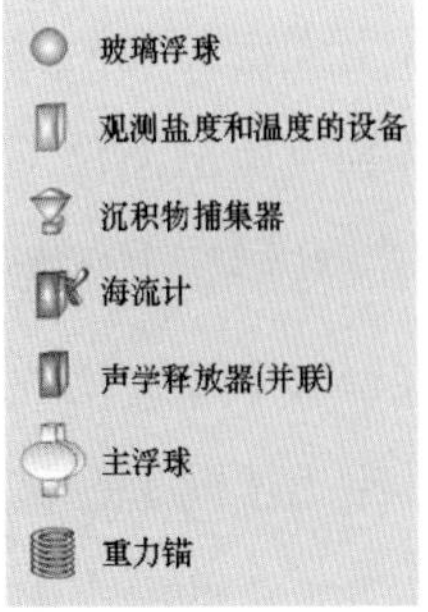

图 2.9　装配完毕，准备投放入水的潜标主浮球和安装在上面的 ADCP

科考船正在执行的任务就是前往赤道海域实施回收和布放潜标的工作，并且对海水的剖面结构进行观测。在设计和布放潜标之前，除了需要明确获取时间序列数据的研究目的、投放设备的地点、深度和种类，以及设计锚系观测链的结构等事项以外，还需要对整个潜标在水下的浮力、姿态等方面进行计算和测试，必要时还需要进行仿生学的模拟。一般，潜标的重力锚的重量是 1.5～2 吨，如果过轻会发生潜标在水下“移位”的情况。整个潜标上的浮球阵列需提供 300～400 千克的观测器材所需的净上浮力，以保证在回收时，当下端的声学释放器打开后，整个潜标链会与重力锚脱离，并很快地上浮至海面。不然，潜标链在上浮过程中会被水流带至下游某处而容易发生丢失。整个潜标系统是在后甲板上进行组装的，维系潜标的缆绳在水下采用的是分段式的连接方式。潜标在被布放入水后，重力锚、浮球和悬挂的设备等在整体上形成一个悬直链状的结构。在每一段缆绳的两端，根据所配置的仪器种类和数量不同，需要加配不同数量的浮球，以保障整个潜标在水下呈竖直的姿态，并且减少伴随水流发生的摆动。

在布放潜标之前，要根据研究的目的在设计的位置（靶点）周围划定一个 2 千米 ×2 千米或者 3 千米 ×3 千米的区域作为释放的“靶区”，要求那里的海底地形平坦，水深的变化小于 50 米。在到达潜标布放点附近时，“金星”号会将速度减到 4～8 节。此时，工程技术部的工程师们会利用船载的多波束系统和 ADCP 在 5～10 千米的范围检测当地海底的地形和流场，俗称跑“测线”。然后，根据这些数据来确定最终的潜标布放位置。在布放时，根据当地的水深和流场情况，驾驶室会操控“金星”号从下游顶流接近靶点，科考人员在后甲板将潜标顶端的两个橘红色的浮球首先投放入水，它们最终在水下的深度是 250 米附近。然后，是布放通过凯夫拉链绳连接的中心浮球，深度在 500～600 米，上面装有两个 ADCP，分别通过向上和向下发送与接收声学信号来观测上层 1 000 米的水深范围中流场剖面的结构与变化情况。在顶端浮球 / 体与中心浮球之间的缆绳上，会根据设计在不同的深度配置测量温度、盐度，以及海流的小型仪器。有时，在中心浮球与顶端浮球之间，会加挂一个沉积物捕集器，用来收集从上层海洋沉降下来的生物和非生物的颗粒物（图 2.10）。由此，也可以看出在水深 1 000 米以下的广袤区域，受到观测技术的限制，我们对海水的运动和性质（例如：温度和盐度）的变化特点的认知能力还是很欠缺的。

接下来，依次从船甲板布放下去的是连接在凯夫拉缆绳上用于其他不同目的的观测仪器，包括温度、盐度的探头，海流计等。有时，海洋沉积与地质学家要求在特定的深度（譬如：

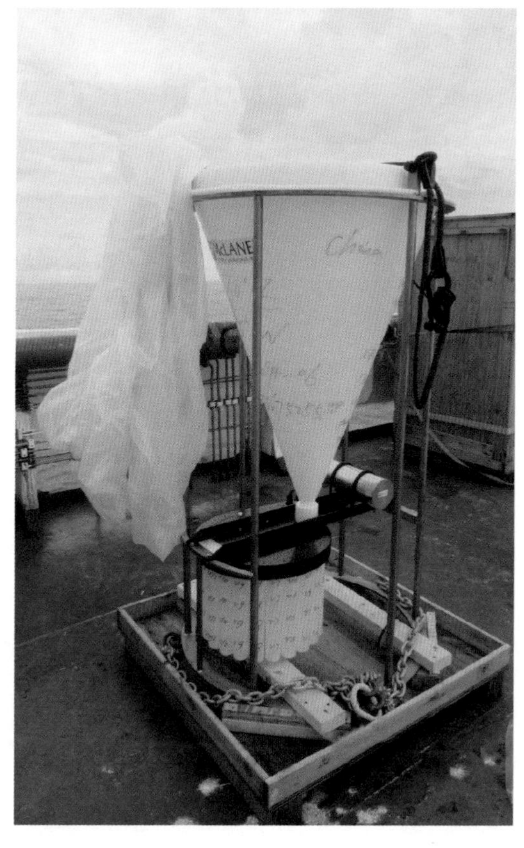

图 2.10　随同潜标一同布放到水下不同深度的沉积物捕集器，摄于“科学”号科考船。沉积物捕集器包括两个部分，上端是一个开口直径 1 米左右的捕集漏斗，开口处有一元硬币大小的蜂窝结构的筛板，用来阻隔与减少来自游泳动物的负面影响。在捕集器的下端有一个用电池驱动的马达，带动 20 个 1 升的沉积物收集瓶。根据研究的不同目的，这些收集瓶可以在马达的驱动下轮转，按照一定的时间间隔定期地接收从捕集漏斗中采集的沉降颗粒物质

在 2 000 米和 4 000 米的深度），增加 1～2 个沉积物捕集器。根据整个潜标上的设备配置，还要在潜标缆绳的不同位置，分别加挂 4～5 个浮球，以保证整个潜标链具有足够的浮力，使得在日后回收时整个潜标能够顺利上浮。在潜标的底端装有两个并联的声学释放器，目的是在回收时，万一其中某一个释放器因长期在水下滞留而出现故障，只要另一个能够正常工作，就会将潜标与上面系带的仪器和设备同下面的重力锚顺利解脱并上浮至水面。

在整个潜标布放的过程中，后甲板作业的负责人会时刻通过对讲机与驾驶室保持联系，需要通报作业的进度、了解“金星”号的航向、速度（注：包括船对水和对地的速度），以及到靶点的距离等。必要时，作业负责人会根据后甲板工作的情况要求驾驶室改变“金星”号的航速与航向。

当整个潜标上的观测设备与声学释放器都被依次布放入水之后，“金星”号在低速下将整套潜标缓慢地拖曳到靶点位置的上游一点，并通过船尾的“A 型架”将用六个废弃的火车轮组装成一体的重力锚释放入水。我的一位同仁非常精通潜标的布放与回收作业。据他讲，对于水深 5 000 多米的测站，通常会要求“金星”号顶流行驶到靶点上游的 300～400 米处，然后从后甲板释放重力锚，并在数字化的海图上确定其入水的位置。待重力锚到达海底后，利用船载的声学探测设备在距重力锚入水点几千米范围的一个平面圆周上，于 3～4 个不同方位对潜标进行声学测量，然后根据大地测量学的计算方法，对水下的潜标进行定位和确定其所在的深度，即“测距”，以便日后回收时进行搜寻。以目前的技术和经验，重力锚到达海底的位置和设计的靶点之间的差距可做到小于 100 米。在正常情况下，对于水深 5 000 多米的测站，将整个潜标布放下去有时需要 3～4 个小时，然后再花上 1～2 个小时对布放下去的潜标进行测距。

在开阔海洋的观测航次中，那些装载在科考船上的重型装备，其操作和维护都是由工程技术部门的专业人士进行的。甲板上各个不同专业之间的作业次序关系，由工程技术部的主任统一进行协调。“金星”号海洋科考船上的工程技术部主任是一位转业军人，高高的个头，做事具有来自西北的豪爽和军人的干练。有一次，梅花式 CTD 上连接水下传感器的那根电缆与甲板的计算机控制单元之间的通信出了故障。我见他趴在遮蔽甲板车间的地板上检修设备，周围满是拆卸下来的采水瓶、CTD 上的探头、零件和通信电缆。那一日，他和工程技术部门的其他工程师们熬了个通宵。

同样，回收水下潜标（图 2.11）的工作依旧是一件令人身心憔悴的事情，或者说是对内心承受能力的拷问。遇到回收潜标的作业时，须将船开到靶点附近的某一处，一般是水平距离大约 1 000 米开外。在理想状况下，可以在甲板上通过换能器发送声学信号并指令那两个置于潜标底部并联的声学释放器与下面的重力锚上端的连接锚链脱开。然后在浮力的作用下，整

图 2.11　从“科学”号海洋科考船上释放救生橡皮艇，进行回收水面浮标与水下潜标的作业

个潜标链会很快地上浮至水面。潜标的回收一般是在白天进行，便于在甲板上搜寻和迅速发现附近水面上黄色或橙红色的浮球。一些潜标在主浮球上也会装配有夜晚在水面以上自动发光的灯、发射出特定电磁波的信号机，提供位置坐标以便于搜寻和打捞。通常，回收潜标也是从顶端的浮球开始（注：我也经历过从潜标底端的浮球和声学释放器开始回收的情况），最后打捞上甲板的是位于底端的那两个并联的声学释放器，而重力锚就被遗弃在海底。我对于那些被“丢弃”在海底的重力锚的宿命感到好奇。世界上许多的国家都在利用布放潜标的技术获取时间序列

的观测资料，海底究竟有多少个被“遗弃”的重力锚？然而，毕竟整个潜标已经在水下工作了一年或者更长的时间，有时设备的回收工作并不顺利。我们曾经遇到过虽在甲板上通过换能器发送出指令，但是与下面潜标上的声学释放器之间通信不畅的情况。有一次，“金星”号在西太平洋回收潜标时，在后甲板向水下发送的指令要求处于休眠状态的声学释放器启动，海底设备反馈回来的信号也正常。但是，声学释放器在水下的位置却一直没有变化，没有出现期望中的潜标上浮至水面的结果。中间等待和不断尝试的那几个小时显得漫长，将全船推到一种极度的焦虑之中，不知道在水下的潜标那里究竟发生了什么事情。回想起来，我觉得那几个小时的时间是对潜标项目的负责人、航次的首席科学家，以及船长的心理素质的一场考验。毕竟，在潜标上系挂的是动辄数百万元的国家资产，一旦丢掉可谓损失重大。而且，这一年下来，那些仪器记录和采集下来的海量数据对科学研究而言又是无价之宝！

“金星”号的船长，是一位热情和性格开朗的北方人，高高的个头。此前，他曾经在远洋货船上做过大副和船长，航海的经验可谓丰富和老道。在不去驾驶室当班的时候，船长也喜欢到我们的实验室来转转，乐于同我们分享在航海与海洋观测中的各种趣事。偶尔，在酒后船长也会给我们透露一些他过去在远洋货轮上工作的经历。不过在我看来更多的是一些宝贵经验的传授。我们在前甲板做痕量分析的采水作业时，位置恰巧在船长房间的外边，听到动静后他常常出来帮忙。时间长了，船长还可以指出和纠正我在操作中的不当和失误之处，令人感到钦佩。在后甲板进行收、放潜标的作业中，船长也常常从位于顶层的驾驶甲板下来帮忙，并亲自通过对讲机给驾驶室的值班人员下达操船的指令。收放潜标需要长时间的露天作业。在赤道地区，白天头顶上是太阳的暴晒，脚下是金属甲板的烘烤，衣服湿透了再干，后背便出现了大片、大片白色的盐渍。在海上作业，天气又变化无常，常常是事情做到一半，一块乌云飘过头顶，顷刻间便大雨倾盆，于是个个又都变成了“落汤鸡”。若遇到海况不好的情形，整个后甲板都会上浪，站立都有些困难。船长见我们用绞盘将那几千米长的缆绳和上面系挂的仪器从水下拖上甲板甚是吃力，便指令驾驶室将“金星”号“倒车”，以节省大家的体力和缩短作业的时间。同这样的船长和伙伴们一道做事情，你会从内心中感到踏实。

一天晚上，我在化学实验室里面值班。船长从位于走廊的门口跨进来，脸上挂着忧虑。“出了什么事情？”我问道。“在我们作业的热带太平洋地区出现了一前一后两个台风（Typhoon），恰巧挡在我们的航线上”，船长说。稍后，我随船长到驾驶室去看海图和卫星资料（图 2.12）。此刻，“金星”号海洋科考船恰好在东经 130 度、北纬 18 度附近的位置。我们刚刚做完一个断面的观测，正准备继续向南航行并前往赤道地区。在我们的航线前面，有一个台风在几天前于太平洋东部的赤道地区形成

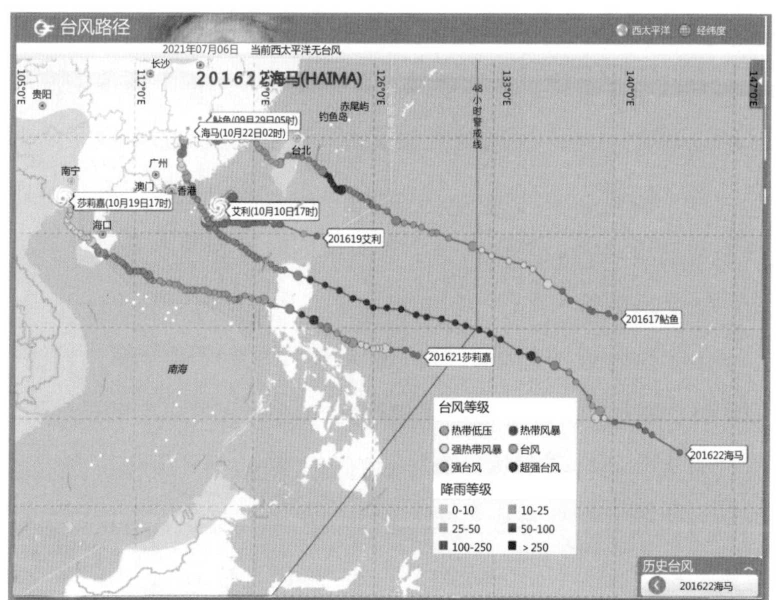

图 2.12　2016 年秋季热带西太平洋不同的台风过境情况。图中显示“鲇鱼”、“艾利”、“莎莉嘉”、“海马”等几个台风的生成地点、路径和时间。此图来自浙江省水利厅的台风路径实时发布系统（网址：http://typhoon.zjwater.govern.cn/）。在 2016 年的 9 月下旬和 10 月的上旬，先是 201617 号台风“鲇鱼”和 201619 号台风“艾利”横扫过“金星”号海洋科考船正在作业的东经 130 度断面。接下来，在 10 月的上、中旬，201621 号台风“莎莉嘉”与 201622 号台风“海马”又将“金星”号的科考活动阻断

以后，正在缓慢地向西偏北的方向移动，并将在穿越过菲律宾后进入南海，看样子会直接挡在我们的航线上。计算机模拟的结果显示，在我们的后边，若干天前刚刚避开的那个台风，将会很快地沿着北纬 20 度线穿过吕宋海峡，封锁我们的“退路”。我想到，船长与航次的首席科学家正面临着要做一个很艰难的

决定。推开实验室外面的舱门,风夹带着豆粒大的雨点扑面而来,令人有些站立不稳，外边漆黑一片。此时，海面上涌浪的波高已经达到 2～4 米，不时地有浪花从后甲板面上掠过。我虽然做海洋科学的研究已有多年，此前在出海观测中也曾经有过遭遇台风的经历，但是碰到在一个航次中同时受到两个台风前后夹击的情况还是头一次，一时心里面也不知该如何应对才好。

在赤道附近的热带海域，表层海水的温度常年都比较高。据统计，在热带海洋上层的水温达到 26.5 摄氏度以上的条件下，通过对大气的持续加热，会导致海面上空的大气失稳，产生强烈的对流并且旋转形成台风。在世界的不同地区，对这类天气事件的称呼有所不同,例如在民间有“飓风”(Hurricane)或者“热带风暴”(Tropical Storm)之说。“台风”和“飓风”在学术界都可以算作是“热带气旋”(Tropical Cyclone)。由于地球自西向东自转，在北半球当台风形成之后会自东向西、从低纬度向中高纬度的地区运动。因而位于开阔海洋西岸的陆地，像北美洲和东南亚地区，受到的台风影响比较频繁。现在，通过气象卫星的监测和计算机模拟的技术，我们可以在台风形成的早期阶段便对其规模和运移途径进行预测，可以避免发生重大的人员伤亡和国家财产的损失。

次日的早上，航次的首席科学家和船长召集我们大家在四楼的学术报告厅开了一个会。会上，先是由船长介绍了我们工作海区的天气情况，包括离我们比较近的两个台风的位置和计算机模拟出来的台风在未来几天的发展情况和预测的运移路径。然后，航次的首席科学家将我们尚未完成的观测内容与工作计划做了一个简要的梳理。接下来，大家开始讨论如何应对台风的问题。鉴于在当时，我们不存在申请到菲律宾进港避风的可能性（注：因为需要事先通过外交部向菲律宾申报并获得对方的批准才能够靠港）。会上决定调转航向，折向北面、先去做吕宋海峡（Luzon Strait）和南海北部的那几个测站，然后穿过台湾海峡到浙江的玉环附近避风。待台风过境后，再继续南下赶到北纬 14 度以南的作业区，执行剩余的观测项目。这样一来，若按照航速 15 节（注：1 节 ≈ 0.5 米 / 秒）计算，“金星”号需要向北跨越大约 10 个纬度（注：1 个纬度对应距离 60 海里，1 海里 =1.852 千米）、往返需额外航行 1 200 海里以上、增加 3～4 天的时间。如此一来，我们的船时就显得比较紧张了。

尽管现代的海洋科考船装备先进，可以通过卫星资料和地面通信的技术获知上千千米之外地区的天气和海况，通过计算机的模拟技术还可以预测观测区域的流场结构与抵达作业区的时间，但是我们仍不能够与像台风这样的天气事件以及与之相伴的恶劣海况进行“抗衡”。若在出海观测期间遭遇到像台风这样的特殊天气与海况，通常都是采取事先避让或者改变航线绕行的举措。

午饭后，“金星”号海洋科考船掉头，开始折向北面，朝向吕宋海峡并以接近 15 节的速度航行。船长特地嘱咐大家，要将在实验室使用的设备固定好，器皿与实验用具等尽量放入箱子里面。甲板上的器材要用苫布盖好并绑扎结实，还要求工程技术部的主任逐一落实并仔细核查。政委提醒大家说：在航行中，后甲板会上浪，尽量不要单独到那里去，尤其是在夜里。

在风浪里，船身晃动得更加厉害了。躺在床铺上，你能够听到海浪拍打到侧舷上并破碎后，发出“哐铛、哐铛”的声响。透过餐厅的舷窗，你能够看到海浪不时地拍上来、破碎后形成一团团的泡沫消落下去。此时，到餐厅里面就餐的人数也比平日中减少了许多。吃饭时，还要时刻用手护住餐盒，不然随着船身的晃动，餐具会在桌子上从一侧滑动到另外一端并最终掉落在地面上。在风浪里，“金星”号的那两台大功率的主机铿锵有力；当船头扎向前方的波浪谷底时，排浪便会盖过前甲板、掠过驾驶室的顶端。经过两夜一天的航行，终于在破晓时分，远远地可以看到陆地上山峦的轮廓，此时海况也好转了许多。

“金星”号计划在浙江玉环附近的乐清湾中抛锚，避风两天（图 2.13）。当我从摆渡的小船中蹦上码头的台阶时，内心中感到一阵久违的欣喜。期间，我们在玉环的城里吃了一顿火锅，购买了当地的水果（譬如：柚子）和日用品；管理员也为船上补充了蔬菜和副食品。特别地，我们在玉环还凑巧碰到了以前在青岛一道工作的同事，他（她）们在随着另外一艘科考船出海，期间也因海况不好而在此避风。

除了完成像回收、布放潜标、CTD 等常规作业之外，“金星”

图 2.13　在浙江的玉环避风时，于岸边看到当地的妇女在补织渔网

号上的科考队员还利用诸如 Argo 浮标（注：也称自动剖面浮标，系一种具有自行沉、浮式特点的海洋剖面探测设备，图 2.14）、Glider（注：一款水下滑翔机，图 2.15）等被动或者自主式航行的水下观测平台采集水文资料。Argo 是一款在 20 世纪 90 年代研制出来的水下被动式观测设备。布放前的 Argo 竖立在甲板上，就像一枚细长的鱼雷，在其顶端有一个无线电的信号发送天线。在 Argo 的底部有一个用来调节浮力的油囊，此外在顶部可搭载连续测量海水温度、盐度、压力的传感器。新型的 Argo 浮标还装备有测量溶解氧、叶绿素、硝酸盐和 PH 等要素的探头。整个浮标的测量与数据记录、储存和传输依靠

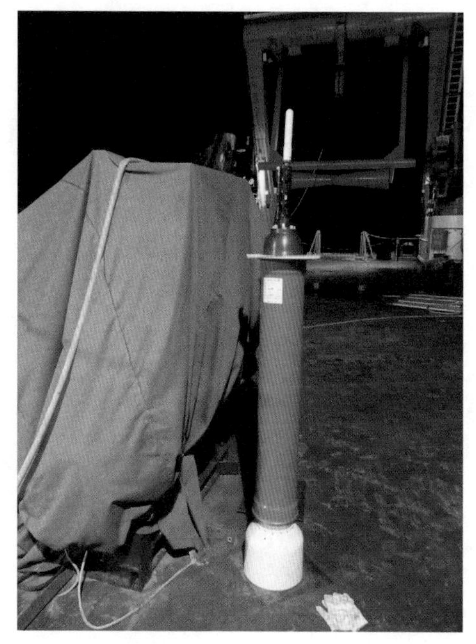

图 2.14 置放在甲板上，准备投放入水的 Argo 浮标

图 2.15 置放在甲板上，准备投放入水的 Glider

内部的电池驱动，利用预先设定的控制程序运行，所有的工作在水下自主完成。Argo 的基本工作原理是：通过调节底部油囊的体积以改变自身的浮力，从而实现其在水中的上浮和下潜。Argo 在被布放入水后，会自动下潜到 1 000 米的深度，然后会随着海水的运动在这一深度附近“随波逐流”一段时间。待 5～9 日之后，内部设置的程序会指令 Argo 下潜至 2 000 米，而后上浮至水面，到达海面后将记录的资料通过无线电波传输给天上的卫星，再转至地面的接收站。在完成这一整套的工作任务之后，Argo 会继续下潜，如此往复。一般，Argo 内部自带的电池可保证其在水下连续工作 3～5 年。目前在全球海洋中共计有 3 500～4 000 个在水下工作的 Argo，它们构成了一个庞大的海洋准实时的观测网络（图 2.16）。

Glider 是一款可以在水下滑翔、进行海洋观测的移动观测平台。除了像 Argo 那样可以通过调节底部的油囊来改变浮力实现下潜与上浮之外，还可以利用调整内部的重物块（譬如：电池组）的分布格局，来改变重心和浮心的相对位置，从而完成诸如像回转、俯冲和仰升等比较复杂的动作。在它那流线型的躯体两侧装有可调节的机翼，艉部装有尾翼以及一个长长的用来发射和接收无线电信号的天线。从设计的角度，机翼和尾翼用于保持 Glider 在水下的姿态，并将沉、浮的动作转变为向前的运动。从外表看上去，Glider 就像一个缩小版的陆地上的滑翔机。此外，根据需求，可在 Glider 上装有磁罗经（注：又称磁罗盘）并根

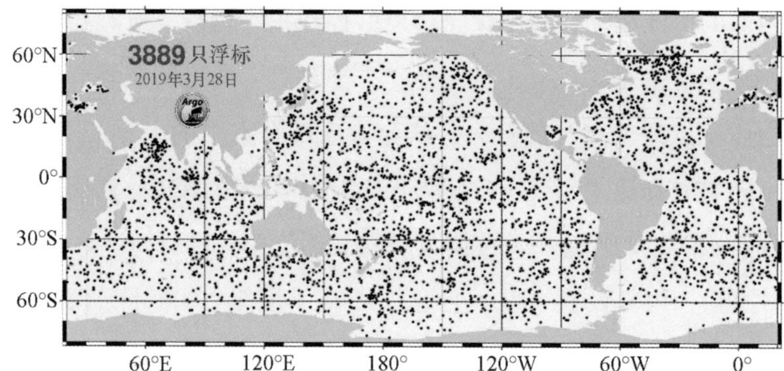

图 2.16 Argo 剖面漂流浮标在世界海洋的分布状况。图中的数据的来源是 http://www.argo.ucsd.edu/index.html。自 20 世纪末开始，海洋学界利用 Argo 进行被动式的上层海洋（0～2 000 米）范围的自主观测，目前在全世界已经有接近 4 000 个在水下运行的 Argo 浮标，如图中的红色数字所示。在图中，海洋中的黑点表明单个 Argo 的实时位置，密集程度表明浮标数量的多寡。在早期设计的 Argo 浮标中，装有温度、盐度、压力的传感器和 GPS 定位系统。近期设计和生产的新一代 Argo 上，则根据需要可以装载溶解氧、叶绿素的探头

据需求配置测量温度、盐度、压力和其他参数的传感器。在使用时，Glider 可以从水面下潜到 1 000 米或者更大的深度。目前，Glider 的下潜深度的世界纪录为 8 213 米。在从甲板上布放 Glider 之前，需要通过外部的计算机为其设置在水下航行的指令，包括诸如航向、深度、时间等。同样，Glider 在完成任务返回水面后，会根据设置的指令将采集的数据通过发射无线电磁波信号的方式传送给卫星，后者再转输到位于陆地的地面通信站。此外，Glider 在工作结束、上浮至水面后，还会将自己在海表的坐标位置通过无线电信号传送给母船“金星”号，便

于其前往搜寻和打捞回收。

在离开码头之前，待我们将出海观测用的器材在工作甲板上整理完毕、设备在操作台面上用绳索固定、样品箱在实验室中摆好后，“金星”号的水手们利用起重吊机将那些腾空的箱子和杂物放入后甲板下面的一个储物仓中暂存。此时，我注意到在储物仓中整整齐齐地摆放了两排装满氦气的钢瓶，不知何用。站在旁边的水头见我满脸疑惑的样子解释说，这是用来释放探空气球用的（图 2.17）。在“金星”号海洋科考船抵达赤道附近的海区后，每天的 08：00、14：00 和 20：00，都会有三个做地球物理观测的值班科考队员到顶层的甲板上释放探空气球。出

图 2.17　在“实验 3”号海洋科考船的顶层甲板上，正在释放探空气球

于好奇，有时我也过去看看“热闹”或在人员紧张时打个下手。气球在填充氦气后会膨胀到将近一人高，下面通过一根细细的丝线系着探测高度、温度、气压和湿度等参数的传感器。探空气球在顶层甲板上从观测队员的手里面挣脱后飞向船尾，然后摇摇摆摆、转着圈地上升，渐渐地从一个大大的球体变成了白色的圆点，并最终在云端处消失在视线以外。据说，这种探空气球可以上升到接近 10 000 米的高空才会因外部气压的减小而爆裂。我一直好奇，每一天全世界在同一时间的不同地点会释放很多类似这样的探空气球，会不会当探空气球在高空爆裂后，下面那个传感器坠落下来时砸到地面上某一个“倒霉”家伙的脑袋?

我回想起曾在什么地方读到过，人类对气象的观测活动应该远早于现代海洋科学本身的诞生。据文献记载，在 19 世纪时，开尔文勋爵（William Thomson Kelvin）就要求英国所有远洋货船的船长安排水手在航行中定时记录每日的天气情况。在我国，关于气象观测的记录可以追溯至宋朝或更早的时间，譬如在宋应星所著的《天工开物》和沈括的《梦溪笔谈》中，都可以搜寻到相关的内容。然而，虽然我国的航海贸易在唐宋时期就已经非常兴盛，但是关于海洋观测的文字记载在史书中却十分匮乏。

我们从青岛出发时，北方已是深秋。傍晚时分，穿一件毛衣在甲板上做事情都感到有些凉。当“金星”号海洋科考船穿过亚热带的风区后，海况好转了很多，但天气也变得炎热了起来。

此刻，时间进入了北半球的冬季，在祖国的北方想必已经是白雪皑皑、天寒地冻。但是，在这赤道附近的地方却依旧是烈日炎炎、晴空万里。白天在甲板上作业时，大家经历了太阳的曝晒和阵雨的洗礼。有些女孩子在甲板上干活时，干脆用纱巾与套袖分别将脸与胳膊遮住，两只眼睛藏在墨镜的后面，看上去很像中东地区穆斯林少女的装扮。开始，我还取笑人家“娇气”，但结果是，我的后背、肩膀和腿部很快就因曝晒而脱了一层皮。其他有些同事虽也在甲板上工作，但因涂抹了防晒霜，情况稍微好一些。

热带西太平洋地区雨后的彩虹

Chapter 3

第三章

从鱼到微生物，谁猎食了谁？

海洋中诞生了我们这个星球上最早的生命，而且人类与海洋中的生态系统之间的依存关系（例如：渔业），在地球的历史上从未像今天这样至关重要。

03

春节过后尚未出正月十五，“金星”号海洋科考船就又出发了。此行的目的地是印度洋东部的赤道地区，计划在那里执行一个关于“印度洋赤道地区的环流变化与海-气相互作用”的观测计划。“金星”号出了伶仃洋之后，就进入了开阔的南海。很快地，在四周的海表，水的颜色就从浑浊的褐黄色变为相对比较清澈、淡淡的黄绿色。接下来，在到达开阔南海中部时，海水就成为一种深深的宝石蓝色。

离开广州后，“金星”号先要自北向南穿越整个南海。此时，冬季风期尚未结束，来自北方的风依旧在海面上肆虐，船也在风浪中颠簸不止。好在我们是顺风，船只摇摆的幅度不算太大，也就是左右各 10 度的样子。“金星”号开动双车（注：两台主机全部启动），并以 18 节的速度航行。躺在床铺上，你能够感觉到那两台大功率柴油机合奏引起的轰鸣以及船身在海面上的轻微颤动。经过巽他陆架后，“金星”号海洋科考船在清晨驶过了新加坡海峡。此时，按照原计划“金星”号应该继续向西南航行，经过巽他海峡并从那里进入印度洋。但是，船长从卫星资料中解译出在赤道以南、澳大利亚的西边有一个台风恰好位于我们的作业区附近。这是我们在当初做航次规划的时候始料不及的。在同首席科学家商量后，船长决定，改道向北并通过马六甲海峡进入印度洋的北部。这样虽然路途增加了大约 700 海里，但是不用在中途选择地点避风等待，可供作业的时间也相对增加了 2～3 天。

几天后，“金星”号到达了航次计划中的第一个测站，我们开始按照观测任务的优先次序在后甲板作业。夜里，不当班的船员会在甲板上钓鱼。船在夜间航行时，通常是将房间里面的灯光用窗帘进行遮蔽；甲板上除了航行灯［注：在夜间航行时，按照航道上的进港方向，不同类型 / 大小的船舶会采用相应的示廓灯标志，而且在入港船只的左侧是用红色、右侧是绿色的航行灯。这是国际航标协会海上浮标制度（A 区域）的规定。A 区域包括欧洲、非洲和海湾地区，以及亚洲一些国家和澳大利亚、新西兰等，它们统一遵循“左红右绿”的标准。在美洲、日本、韩国、菲律宾等地区和国家则恰恰相反，即采用“左绿右红”的制度］之外，其他的灯火也处于关闭的状态，以免干扰驾驶室对船舶的操控和识别四周的其他船只。这点颇像是夜晚我们驾车在公路上行驶时，车厢的里面要关灯一样。夜里，在停泊做观测时甲板与侧舷的灯光将会被全部打开。船员们还会在水面的上方布放一只大功率的氙灯，以便观察四周的情况。在灯火的诱惑下，水面附近常常会有成群的鱼儿聚集在船边，围着我们摄食和兜圈。在随着“金星”号出海观测的几年中，我们曾见到过飞鱼（Flying Fish）、鱿鱼（Squid）、鲯鳅（Mahi Mahi）、海鳗（Eel）、海蛇（Sea Snake）、刺豚（*Diodon Nicthemerus*）、海豚（Dolphin）、金枪鱼（Tuna）、剑鱼（Swordfish）、海龟（Turtle）、鲨鱼（Shark）、蝠鲼（Manta）、鲸（Whale）等等。更多的是一些连船员都叫不出名字的鱼种，它们构成了海洋中一个十分复杂的生态系统（图 3.1）。

通常，船员会在一根长长的竹竿前端装一只很大的尼龙网兜，用来从侧舷的甲板边水面下捞那些靠近船边的飞鱼。然后，利用这些飞鱼作诱饵，去钓取鱿鱼或其他一些处于更高营养层次（Trophic Level）的鱼类。有时，根本不需要用钓饵，将一个可以在水下闪光的假鱼，从船边甩下水去就能够钓上鱼来。我亲眼看到，在印度洋的赤道附近，船员用一块飞鱼作钓饵，钓上来不少的鱿鱼，其中有的竟达到 40～50 厘米的长度。在西太平洋北纬 20 度的黑潮区域，有人用一段鱿鱼作钓饵，在白天就竟然钓上来四五条 60 厘米长的鲯鳅。晚上，许多鲯鳅围着船边打转，钓上来的数量就更多。某一天的中午，我在餐厅吃饭时碰到了三副，谈及昨日夜里钓鱼之事。我问道，为什么在这里只能够钓到鲯鳅，却不见其他的鱼种？三副讲，后半夜里在他下班后也曾钓上来四五条鱿鱼，但都比较小，个头在 20 厘米左右。三副还说，鲯鳅属于热带地区比较凶猛的鱼种，基本上生活在海洋

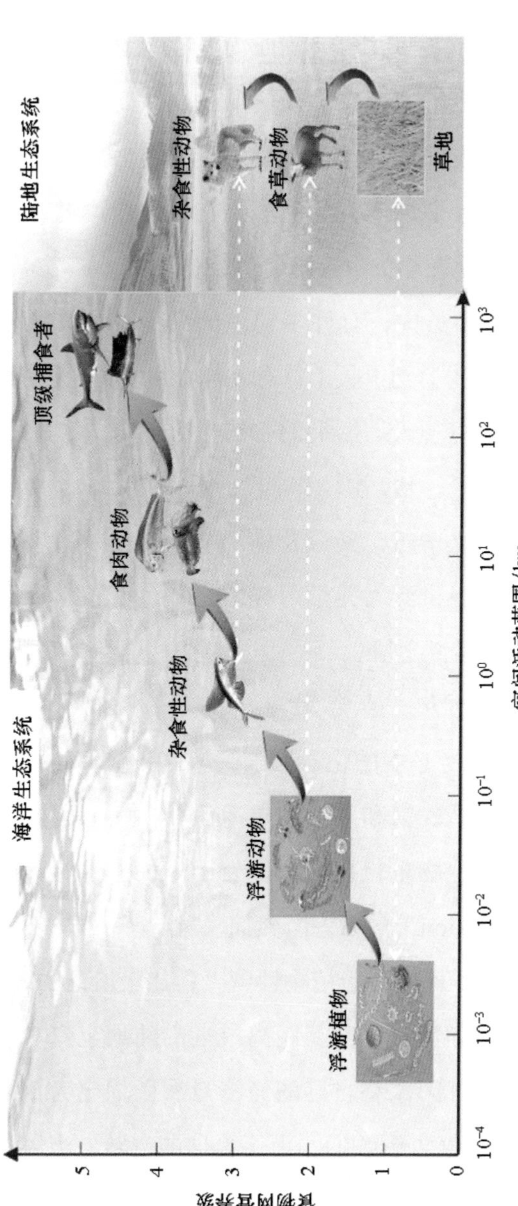

图 3.1　简化后海洋中食物网结构，其中不同营养级之间的食性关系以特征的种类示意。在图中，将海洋中的不同营养级与陆地上的牧草（草地）、牛 / 羊（食草动物）、狼（杂食性动物）进行对照。在陆地上，动物的食性关系相对简单，它们活动 / 迁移的范围也比较有限，一般在几千米到几十千米的范围。在海洋中，不仅营养级的数目比较多，食性关系也变得复杂起来。此外，一些大型的游泳动物的活动 / 迁徙范围可达上千千米（绘图：郑薇）

的上层，捕食鱿鱼和飞鱼，所以在鲯鳅比较多的水域基本上见不到鱿鱼。鱿鱼的分布范围比较广，在热带和高纬度地区的开阔海域都有，而且只在夜间才上浮至海表附近捕食。后来，白昼时分我在前甲板采样作业期间，的确看到在水面的附近有几只50～60 厘米长度的鲯鳅在船头附近游弋和觅食。

在“金星”号的船员中，有许多钓鱼的高手，水头便是其中之一。空闲的时候,我会到甲板上休息。若碰到水头也在那里，两人便一边抽烟、一边聊天。船上的水头是个北方人，家里有一个十分优秀的女孩子，恰巧参加今年中考。谈话中，水头牵挂在家里的女儿读书之辛苦，又谈及她很懂事，在外边舍不得花钱给自己买零食。当讲到女儿学习成绩之出色时，水头的脸上流露出一种幸福和喜悦之情。

在靠近海岸的地方，通常河流会带来许多浮游植物（Phytoplankton）生长所必需的化学元素，像氮、磷和硅等营养盐，痕量元素（譬如铁、锰和硒）相对地比较丰富。因此，海水里面的浮游植物的生物量也比较高，处于一种学术界称之为富营养化（Eutrophication）的状态。然而，“金星”号海洋科考船此行是在公海作业，理应属于植物性营养盐比较匮乏的地区。在我们做观测的开阔印度洋东部，距离最近的陆地也有 200 海里以上（注：许多沿海国家将自己的经济专属区划定为 200 海里范围）。物理海洋学家告诉我们，由于地球的自转，当风作用于北半球的海表时，在科氏力（Coriolis Force）的影响下，海水的流动会向右偏转一个角度，学术界称之为“艾克曼效应”（Ekman Effect）。此时，若陆地位于海水运动方向的左侧，则处于深层的海水会上涌至比较浅的地方，形成上升流（Upwelling）。在一些地方，也会形成10～100千米范围的中尺度涡旋，其中的冷涡（注：冷性低涡的简称）也可以将比较深层的海水带到海表附近。而且，在深层的海水中，营养盐的含量都比较高。除此之外，开阔海洋的大多数地区的表层，因为缺乏浮游植物生长所必需的营养盐的外部供给，因而处于一种寡营养（Oligotrophic）的状态。我向在船上一道工作的生物海洋学家请教“为什么在如此开阔的热带海域，还能够钓到这么多的鱼？”生物学家解释说，在赤道附近常常会受到上升流的影响，中尺度的冷涡也比较频发，它们都可以将浮游植物生长所需的营养盐从深层水中带到真光层的底部。或者说，当

小贴士

3.1　富营养化

在近岸地区，由于受到毗邻陆地上人类活动对污染物质过量排放的影响，水体中的植物性营养盐（注：氮、磷、硅等元素）的含量相对过剩，使藻类等水生生物大量繁殖。其结果是，在许多地方的近岸海域中有机物质的含量在过去的几十年中一直在持续地增加，称为富营养化。在发生富营养化的水体中，经常会出现有害的藻华（Harmful Algal Bloom），对那里的生态系统的结构、功能，及其对人类社会提供的服务产生负面的影响。

相对而言，在开阔的海洋，植物性营养盐比较匮乏，生态系统处于一种寡营养的状态。

在真光层底部的混合作用比较强时，也可以为表层水提供比较丰富的营养盐。上述这些因素均可以导致在真光层的下部，出现初级生产力会比较高的现象。譬如，我们在梅花式 CTD 采集的剖面数据上看到的在海洋表层水深大约 100 米的地方会出现荧光信号的峰值。此外，海洋中的许多鱼类具有洄游与垂直迁移的特点，那位生物学家又补充道。与陆地上的动物相比，海洋中鱼类的生境与栖息地（例如：洄游）的范围要大得多。一些鱼种在幼年阶段生活在近岸地区，待到成年期便会迁移到开阔的海洋中生活和觅食。所以，我们在赤道附近钓到的鱼种并不表明它们一直生活在这里。特别地，那些营养级比较高的海洋生物，像海龟、鲸类等，它们在一生中迁徙的距离可达到上万千米，远非陆地上的动物可比拟。我回想起，以前在去位于斯瓦尔巴群岛的中国北极黄河站工作时，在那里曾经碰到由一位荷兰的动物学教授领导的研究小组，他们在研究一种叫燕鸥（Tern）的海洋鸟类的生态学问题。据说那种鸟每年都会在南、北极之间迁徙，往返数万千米。

在海洋的表层，浮游植物通过光合作用利用营养盐和无机碳，生产出有机物质和释放出作为副产品的氧气，然后通过食性关系，一部分有机物质被浮游动物（Zooplankton）利用，并沿着食物链向上传递给鱼类和顶级捕食者。合成的有机物质也可以被像菌类、细菌和病毒一类的微生物所利用，构成微食物环（图 3.2）。在海洋中，主食物链（Food Chain）和微食物环

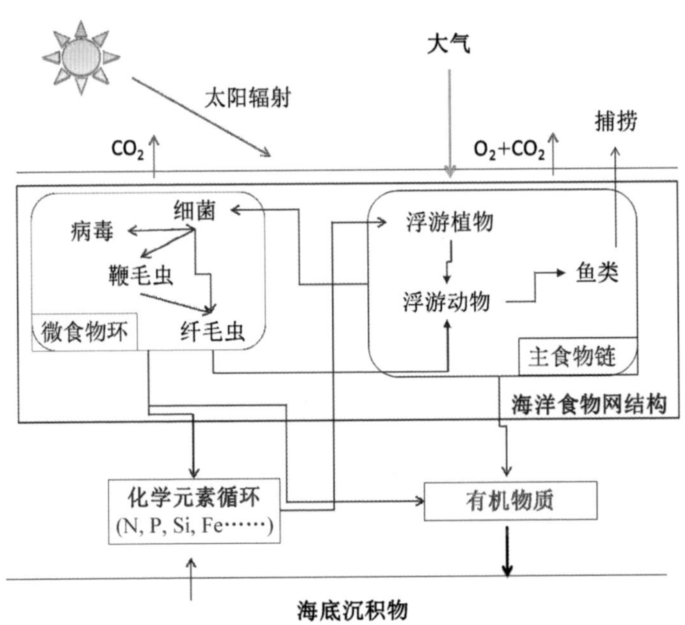

图 3.2　海洋中简化的物质迁移过程。其中的箭头表示不同营养级之间的摄食 / 食性关系，以及化学物质（元素）的流动 / 循环的主要途径。在海洋中，生态系统包括由主食物链和微食物环的两个组成部分，它们彼此之间通过物质流动、能量收支和摄食关系相互作用

（Microbial Loop）共同建立了食物网关系。相对而言，海洋与陆地之间，食物网的结构在空间和时间的尺度上具有比较大的差异。例如，在陆地上哺乳动物的生活范围在几十到上百千米的尺度，海洋中一些顶级捕食者（譬如：鲸类）的洄游距离可达数千千米。我回想起，一位渔业资源学和海洋生态系统动力学的前辈曾经有一次对我讲起，在海洋里面的食物网中营养能级的数目比在陆地上对应的生态系统高出很多。假若打一个比方，我

们在海洋里面捕捞的经济鱼类中，许多品种相当于陆地上的狮子或者老虎所在营养级的地位（图 3.1）。

“那么，为什么我们在白天很少能钓到鱼，而在晚上却又多了起来？”我又问。船上的生物海洋学家讲到，在海洋中营养级别比较低的鱼类中，许多品种都具有昼夜垂直迁移的习性。白天的日照辐射比较强，不利于浮游植物在海表附近进行光合作用，加上表层水中营养盐的匮乏，因而在真光层下部的初级生产相对更加活跃一些。海洋中的浮游动物也具有昼夜垂直迁移的特点。因而，那些捕食者也追随着被捕食者在夜晚上浮至海面附近；像鱿鱼就属于一个比较典型的昼夜垂向迁移的物种，且垂直迁移的幅度可达数百米之多。这也能够解释为什么我们在经过巽他陆架的边缘时，有一些渔船在夜间利用灯光捕鱼的见闻。此外，通过昼夜之间的垂直迁移，也可以帮助那些在食物网结构中位于营养级比较低层次的品种减少在白天被捕食的机会。而且，对于那些营养级别比较低的鱼种，在垂直迁移过程中也可以有机会摄食到更多的浮游生物，或者说这是一种通过长期进化形成的生存策略。

有一日，我们在赤道附近整夜地做观测。期间，船员们钓出了许多的鱿鱼，其中个头大的有 30～40 厘米的长度；有人竟然装了足足一脸盆！次日早饭后，我见到水头将清洗过的鱿鱼拿到顶层甲板去晾晒，说是要带回去给在中学读书的女儿煲汤，此等慈父之情令人感动不已。

生活在“金星”号海洋科考船的大家庭中，时时会感受到来自大家的关照和同伴给予的帮助，这是一种幸福。当船员钓上来的鱼比较多时，就会拿到伙房中进行加工，然后热情地请我去品尝生鱼片或者鱼汤之类。偶尔，也会钓上来一些我们大家都不认识的鱼种。遇此等情况船员们会自觉地将这些样本带回去交给海洋研究所的标本室 / 展览馆进行保管，以供后人作为研究和教学之用。我工作所在的实验室中，有同事在利用鱼的胃含物和体内脂肪酸的成分来认识处于不同营养级的物种之间的食性关系。在作业间隙并空闲的时候，我会请船上的生物学家帮忙将船员们钓上来的一些鱼的样本进行解剖，然后在显微镜下观察里面胃含物的组成。结果，我们在显微镜下发现在鱼的胃中有一些寄生虫，我记得共有七八种。而且，在像飞鱼、鱿鱼等这些钓上来的鱼胃中都有寄生虫检出（图 3.3）。后来，船上的那位生物海洋学家在餐厅给大家做了一个学术讲座，将我们检查出来的寄生虫拍成图片进行了介绍。自那以后，在船上生吃鱼片的情况便逐渐地销声匿迹了。

在梅花式 CTD 从数千米的水下拖上后甲板，并开始从装在上面的采水瓶阵列中取样的时候，生物海洋学家便在后甲板准备利用垂直拖网的技术采集海水里面的浮游生物样本。在现代的海洋科考船上，科学研究的活动多集中在后甲板上进行。部分原因是在设计船舶时前甲板的位置相对比较高、晃动的幅度比较大，而且在航行过程中容易上浪。此外，前甲板的工作面积比

小贴士

3.2 胃里面的寄生虫

寄生虫是指一类依赖于宿主或者在寄主的体内，或者通过附着在体外并获取维持其生存、发育和繁殖所需的营养与庇护的低等真核生物。它们依靠共栖、互利共生和寄生的方式生存和依附在其他的动物身上。在“金星”号海洋科考船赴印度洋观测期间，我们在飞鱼和鱿鱼的胃中检测出形态和大小不同的寄生虫若干种，这些鱼种的分布范围很广（图3.3）。

在我们远洋捕捞的鱼类品种作为货物进港时，据说卫生检疫的内容并不包括像胃里面的寄生虫的项目。此外，我猜测，有些寄生虫也会随着不同物种之间的摄食关系从低向高层次的营养级传递。我们在印度洋赤道地区的飞鱼和鱿鱼的样本中，见到了个体大小和形态都十分相似的寄生虫。

较小、且受到船头和锚机的限制，其形状也多不规则。相对而言，后甲板比较稳、晃动的幅度小。后甲板在设计时，可以位置比较低、接近海面，这样作业时会方便很多，安全性也提高了。而且，后甲板的作业空间也比较宽敞。特别地，当需要布放和回收大型的装备或者进行拖体/走航的作业，以及安置具有特殊功能的集装箱时，后甲板作业在稳定性、作业空间和与水面比较接近等方面的优势就显得更为突出。近代，海洋科考船上驾驶室的位置在设计时都比较靠前，以便给后甲板腾出更多的作业空间。

通常，用于采集生物海洋学样本的拖网与大体积的采水器会依据不同的专业需求被划分成不同的尺寸。譬如，像用于做

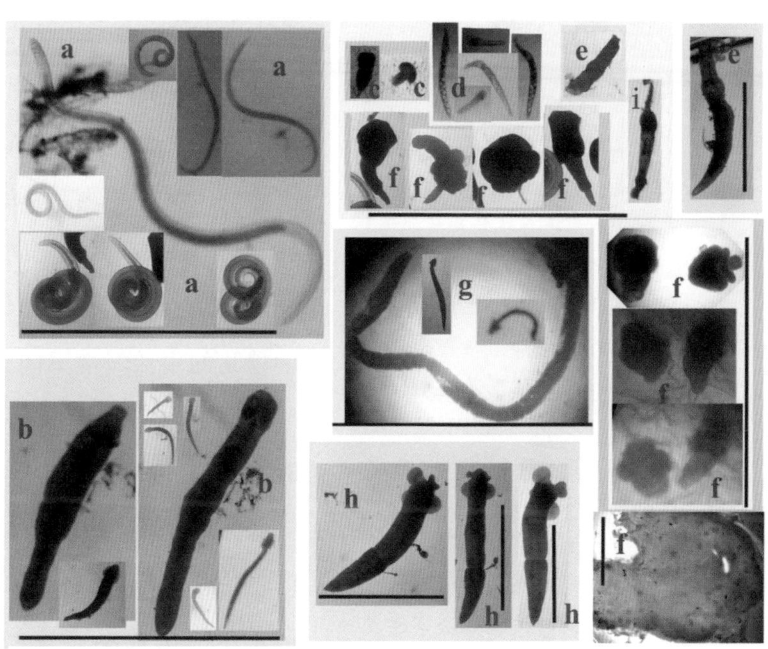

图 3.3　船员在印度洋赤道地区钓上来的飞鱼和鱿鱼样本的胃中检测出来的寄生虫（图中比例尺均为 5 毫米），摄于“实验 3”号海洋科考船。照片 a-i 分别代表来自不同种类的鱼的胃含物样本中的各种寄生虫，包括它们在显微镜的不同放大倍数下的形态，以及分布在胃部肌肉中不同地方的特点。照片来自于中国科学院南海海洋研究所的张兰兰老师

浮游植物分类和初级生产力研究的网具的筛孔径是 60～70 微米，在操作时从真光层的底部开始，垂直向上以 1～2 米 / 秒的速度缓慢地拖到海表。作业时，在网口会加装一个流量计，以便对经过拖网的水量进行校正。那些研究微型浮游生物的科学家常常会利用筛孔径 20 微米的网具进行垂直拖网作业，相应地，绞车的操控速度会要求更慢一些。对于那些研究浮游动物的专

小贴士

3.3 初级生产力

在海洋中，初级生产力是指浮游植物、底栖植物和自养微生物等通过光合作用生产有机物质的能力。在文献中，初级生产力常常采用在单位时间里和单位面积上生产的有机碳数量来表示，譬如，在每天、每平方米面积上的水柱里通过光合作用固定/生产多少摩尔的有机碳。那些能够进行光合作用的生物通常也被称作为初级生产者或者自养生物。

初级生产力包括两个部分，其中在自养生物的新陈代谢中一部分的同化产物因为呼吸和分泌等过程被消耗，另外一部分则是净的有机物质（碳）的积累，两者之和被称为总的初级生产力。总的初级生产力与通过呼吸和分泌所消耗的同化产物之差系净初级生产力，它也是维系食物网物质传递的基础。

业人士，他们会采用筛孔径为250微米（注：筛出小型浮游动物）和500微米（注：筛出大型浮游动物）的网具进行采样。同样地，因为浮游动物与浮游植物的生活习性不同，浮游动物的拖网深度有时会达到500～1 000米。一般的规则是，网具筛孔的直径愈小，向下释放和向上拖曳的速度需要愈慢。不然，进入网口的水样因为筛孔比较细会“翻涌”出来，造成体积计数出现很大的偏差和采集的样本失真。而且，若网具的下放和上拖的速度过快，还容易造成设备的破损。

这一次，生物海洋学家在“金星”号上开始利用一种称为浮游生物多联网（MultiNet）的设备以拖取海水中的浮游生物样本（图3.4）。根据设计，浮游生物多联网可以用于在不超过4节的船速条件下做水平拖网，或者从水面（0米）到6 000米的水深

图 3.4　浮游生物多联网，摄于“实验 3”号海洋科考船。这是一个 0.5 米 × 0.5 米开口、自带 CTD 和闭锁装置的浮游生物拖网（注：浮游生物多联网网目的孔径在 50～500 微米之间可变），它可以携带多达 9 个 2.5 米长的网具，由德国基尔的 Hydro-Bios 公司设计和生产。在使用时，可依照在甲板上预先输入的指令在不同深度打开和关闭，以便可以收集不同深度的浮游生物样本。在照片中，水手与科考队员们正在后甲板进行浮游生物多联网的吊装下水作业，其顶部是采样器的网口与 CTD 探头、下部红色的部分是装有 9 个 PVC 材料的网底管阵列

小贴士

3.4 浮游生物

在海洋中，许多个体比较小的生物基本上不具备游泳的能力，而是随波逐流，笼统地被称为浮游生物。它们包括微生物、能够进行光合作用的浮游植物，以及摄食浮游植物和微生物的浮游动物等。它们中间，既有原核、也包括真核生物。

在海洋的上层，能够进行光合作用的自养微生物和浮游植物是初级生产者，它们构成了食物链的第一个营养级，向上是由浮游动物构成的第二个营养级，余以此类推。

在开阔海洋中，可以见到硅藻和甲藻等浮游植物，但数量更多的恐怕是碳酸钙成分的颗石藻与个体更微小的单细胞藻种，其中有些具有固氮的能力，像蓝藻。碳酸钙质的有孔虫和无定型二氧化硅质的放射虫是浮游动物的重要组成者（图 3.5）。

范围垂直拖网作业，采集最多 9 个不同层次的浮游生物样本。那网具吊起来后整个有 4～5 米长，以至于超出了后甲板侧舷的绞车的起吊高度，水头不得不动用“金星”号上的那台 5 吨液压吊机先将多联网吊起来并放下水，然后再转移到右舷的绞车上去。如此，一上一下就花费了许多时间，而且在操作时比较危险。有一次，恰逢海况比较差，“金星”号在印度洋的风浪中左右摇摆得很厉害，我们几个人用缆绳根本无法锁住已经悬在半空中、但在那里晃来晃去的网具，水头在不得已的情况下建议在那一站取消浮游生物多联网的作业。不过，使用浮游生物多联网采集的样本数量却也相当可观。在印度洋的东经 90 度海岭（注：后文简称为 90 度海岭）上方，从水下 3 000 米，以不等间距地分 9 层将网具拖上来，里面除了有桡足

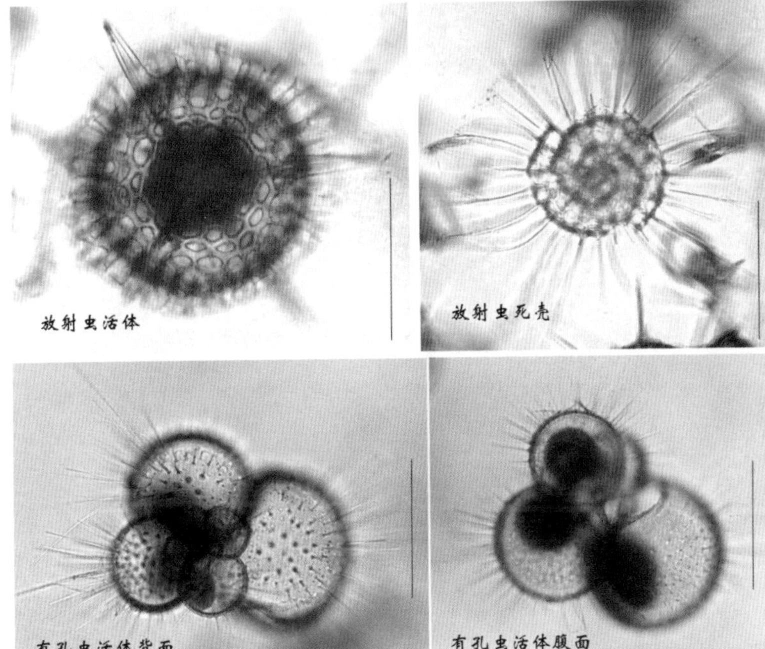

图 3.5 “实验 3”号海洋科考船在印度洋拖网作业中采集上来的有孔虫、放射虫样本（图中的比例尺均为 100 微米）。为了表述地更为直观一些，已经将样本的活体细胞质进行了染色处理。照片来自于中国科学院南海海洋研究所的张兰兰老师

类、有孔虫、放射虫等之外，还有许多连船上的生物海洋学家都不认识的稀奇物种，这是其他常规的生物拖网技术所不能够比拟的。

“金星”号在印度洋作业的时间，恰值西南季风开始盛行之前的 3～5 月。此时，整个赤道附近的海域风平浪静，海面蓝得发黑、深晦莫测。头顶上，湛蓝的天空空旷无际，甚至连一只鸟儿都见不到。在天边，一簇簇、一团团的积云（图 3.6）挂在

图 3.6　分布在热带海洋上空的积云，它们的高度据气象学家讲一般在 800～1000 米的范围

距海面 800～1 000 米的高空，偶尔才在远处见到一两艘过往的船只。白天站在甲板上极目向四下望出去，海面也几乎见不到任何有生命的迹象。但是，我们都知道，在这海面以下的几千米深度范围的水体中蕴藏着难以计数的生命。

在此次“金星”号的观测任务中，有一个课题组在做关于微生物和原生动物的研究工作，这两类生物在海洋中扮演着初级生产者、分解者和初级消费者等不同的角色，对于维持生态系统的结构和功能具有重要的作用。在近岸地区，海水中营养盐的含量相对比较高，浮游植物多以个体比较大的硅藻和甲藻为主。在大多数情况下，开阔海洋的表层水中营养盐比较匮乏，

3.5　季风

季风最早是出自于中东地区的阿拉伯文明中的词汇，意指随着季节变化的风场。

早在公元10世纪前后，阿拉伯人就深谙利用季风进行航海和贸易的技术。在印度洋的冬季风期间，阿拉伯人出波斯湾后向南航行，沿着海岸可以一直抵达东非的南端；在夏季风盛行时，再从东非的不同地区折返回到波斯湾。

根据文字记载，利用季风和当时的航海技术，阿拉伯人最早穿越了印度洋。并且，在15世纪初期，明朝的郑和率船队下西洋的近一百年前，阿拉伯的航海家、商人和地理学家就乘船来到了中国。

浮游生物具有“小型化”的特点，种类以颗石藻和微型的物种（注：个体在2～20微米范围或更小一些）为主。为了能够从外界获取生长所必需的营养盐，一些微型的浮游生物进化出了与陆地上的苜蓿、豆科植物类似的固氮功能，例如一些蓝藻的种类。

在船上，生物海洋学家们分别利用筛孔为60微米与20微米的网具从200米的深度向上拖曳至水面，以搜集足够数量的浮游植物和微型生物的样本。浓缩到网底管中的生物样本会用深褐色的鲁戈氏（Lugol’s）试剂固定。另外一部分样本会根据研究课题的不同要求分别进行分离和过滤，然后在低温（注：零下20摄氏度或者零下80摄氏度）冰箱或者液氮中保存，待回去做基因序列或蛋白质组学方面的进一步分析。对于更深的水层，则需要从梅花式CTD的采水瓶中获取样本。我在随“金星”号出海时，因为生物与化学的两个实验室恰巧被安排在走廊的两侧，相距比较近。化学与生物学课题的研究内容之间又常有交叉，课题组成员经常同时在后甲板作业，故与做生物海洋学研究的同行聊得比较多。

有一次在甲板上作业的空闲里，我问那个生物学课题组的一位博士研究生："当我们用塑料水桶从甲板上打一桶表层的海水时，水里面空空如也，即便是从叶绿素极大值的水层采集的样本，也是清澈见底，过滤时好像也没有多少的东西，那么从水下钓上来的数量这么多、种类不同的鱼都在吃些什么？"那位同仁回答说，在开阔的海洋不同于近岸地区，浮游生物的个体与数量都相对比较少。譬如，在热带西太平洋的雅浦群岛附近的海山（Seamount）地区，进行光合作用和对初级生产具有重要贡献的都是一些个体大小在几微米到几十微米尺度的聚球藻、原绿球藻与自养的真核浮游生物，它们集中分布在 50～150 米的水层；在整个上层 200 米的水体中，异养细菌的丰度反而最高，可占总生物量的 70%～80%，特别是在海表（0～50 米）与真光层的底部（即：水深 200 米处附近）[③]。因此，若在寡营养的开阔海洋以这些微型的浮游生物为基础支撑一个结构复杂的食物网体系，我能够想象出的运行机制大概是这些个体微小的生物以细胞的相对数量占优，以及周转的速率很快为特征，这似乎也符合在生态学的教科书上所讲的"金字塔"规则。此外，

③ 赵丽，赵燕楚，王超锋，等.（2017）热带西太平洋 Y3 和 M2 海山微食物网主要类群生态分布与比较. 海洋与湖沼，48（6）：1446-1455.

在对实验的数据进行统计学处理后，人们发现浮游的动、植物与微生物的丰度对水文要素（即：温度、盐度等）和营养盐的含量具有强烈的依赖性。我们可以猜想，在开阔的热带西太平洋，从海面到 200 米的深度范围，浮游植物赖以进行光合作用的营养盐是匮乏的。于是，那些能够进行固氮作用的种类应该在浮游植物的群落结构中具有竞争的优势。然而，浮游植物赖以生长的另外两个重要的营养盐，亦即：磷和硅，除了极少量可以通过大气的干、湿沉降进入海洋表面之外，恐怕大部分是依赖于表层与深层水的混合、或者在一些特定的区域存在上升流所携带的供给。由于深层水（譬如：大于 200 米）的温度和盐度与表层水之间有比较明显的差异，因而在表观或统计学上也应该可以看到浮游植物的生物量与水文要素之间具有相关性。但是，在开阔的热带海域，真光层的水温和盐度在一年之中的变动幅度比较小，所以水文要素未必就与浮游植物的数量之间存在直接的和内在的因果关系，也许营养盐是中间联系的桥梁。

在我们交谈的中间，旁边一位在做博士后研究的年轻生物学家走过来并插话说，其实问题还不单单在于此。作为食物网的关键组成部分、连接初级生产者与鱼类的重要环节，浮游动物的类型在开阔海洋中也与近海不同。倘若也以热带西太平洋地区的海山为例，那里的浮游动物在经历了长期的演化过程之后也以小型化为显著特点，且生物量也低，像有孔虫、放射虫的数量都很少；微食物环中的异养生物，像纤毛虫与鞭毛虫，在真光层的微型浮游生物中的生物量里面也仅占到5%，而且就个体的数量而言，在每一升海水中也就是两百个左右，或者更少。

在整个航次中，我与生物海洋学家之间关于开阔海洋中浮游生物的生态学方面的谈话就这样断断续续地进行着。通常，是我从外行的角度提出一些问题，生物学家们为我授业和解惑。在“金星”号海洋科考船上，生物海洋学领域的专家们既有做浮游植物、浮游动物研究的，也有做分子与基因生物学课题的。有一个做浮游动物的课题组，从多联网作业的样本中分离出来有孔虫、放射虫、桡足类等之后，再进行关于分类、形态学和分子生物学的研究。当问及这些个体微小的原生动物在海洋食物网中的作用时，我被告知其研究价值远不止这些。譬如，在西太平洋，近期发表的文献表明在上层200米水深的范围内鉴别出来的放射虫已经超过300种[④]。虽然同近海的相比，浮游动物的数量不是很多，但是通过对放射虫样本的分析，可以获得关于生物多样性（Biodiversity）、系统发育（Phylogeny）和地理分区（Geographic Province）等方面的丰富信息。在西太平洋上层水体（真光层）中的放射虫体内含有与水体的性质（例如：温度和盐度）相关的信息，进而与水团和不同的流系之间有着

④ Zhang L., Suzuki N., Nakamura Y., et al. (2018) Modern shallow water radiolarians with photosynthetic microbiota in the western North Pacific. Marine Micropaleontology, 139: 1-27.

密切的联系。因而通过对放射虫的习性进行研究，可以帮助我们认识和理解不同性质的水体的运动和影响范围，以及彼此之间的边界在哪里。近期，有人通过研究放射虫样本的荧光特征，还发现在其体内存在着与自养（光合作用）微生物之间的共生关系。听了之后，令我感到十分地惊奇。

在“金星”号进行回收潜标和梅花式CTD的作业时，我时常会留意随着玻璃浮球、观测的设备以及凯夫拉缆绳拖上后甲板来的那些原本应该在“海里面”的东西。有时，一些胶状的物质会挂在缆绳上一同被从海面以下拖出来，往往看到的像是残缺不全的生命物体的碎片，分不清原来的生物究竟是什么，以及在何种深度缠绕在缆绳上面的。这些胶状的物质五颜六色，晶莹剔透、形态各异，看上去如同小孩子们喜欢吃的果冻一般。其中，有一些呈丝状的物体，看上去更像是水母之类动物的触须或者章鱼折断的触手。它们在炽热的阳光之下，闪烁着不同的光泽，其中有些如同一串镶嵌着宝石的项链一般。每到这时，我都忍不住用手去触摸它们，想找到一种感觉。而此时在旁边干活儿的那些有经验的水手会告诫我们不要出于好奇而用手去触摸，说是有毒。在航次之中，也的确出现过有人在此前用手去摘取挂在凯夫拉缆绳上面的那些胶状物质，事后出现皮肤红肿、感觉灼烧或者发痒的情况。后来，但凡遇到这些胶状的物体而又必须进行处理的时候，我们都会戴着手套，谨慎从事。

一日，在进行梅花式CTD作业的过程中，从水下随着钢缆带上来一些无色透明的胶状的物质，挂在不锈钢的架子上，看上去就像一块块被掰碎了的向日葵的花盘，个头有饭盒到脸盆的大小。从这些碎片的形状来看，我猜测原来完整的个体会更大一些，但凭想象不知道究竟会有多么大以及是什么。有趣的是，在这些透明的胶状物质上竟然“镶嵌”着许许多多红色的斑点，每个斑点就像小米粒的大小。稍后，在从水下 200 米拖上来的浮游生物网具中，同样也看到了这些胶状的物质。周围的同事中有人猜测是一种属于水母一类的生物。有人随手将那些胶状物质丢弃在甲板上的一只盛有海水的塑料桶中。但是不久我们就注意到，那些胶质层上的红色点状物质会“脱落”下来并分散到水中成为一个个会游动的个体，真的是很奇妙。后来，在船上一道工作的生物海洋学家在查阅资料后，说这些红色且会游动的个体应该是火体虫，是属于海樽类的生物。但时至今日，我仍然不明白这些“火体虫”为什么会“藏身”在无色透明的胶状物质里面，而这些胶状物质又是从哪里来？它们在火体虫的生活史中扮演着一个什么样的角色？

在北纬 20 度以南的热带西太平洋，“金星”号上的科考队员夜以继日地进行着回收与布放潜标的作业，中间穿插着梅花式 CTD 的剖面观测。在回收潜标时，我看到位于北赤道流区水下 200 米以浅的真光层底部附近的顶端浮球和在北赤道逆流中海面附近的浮体上都会长有一种叫“茗荷”（Goose Barnacle）的附着生物，或者也叫作“鹅颈藤壶”。在北纬 5 度、东经 140 度海面附近打捞上来的几个浮体上也密密麻麻地分布着这种叫茗荷的生物，甚至就连浮体下面的凯夫拉绳索和用于连接两者的不锈钢“U 型”扣环上也都长满了，以至于原来断面直径为 8～10 毫米的缆绳竟然变成了同 500 毫升的可口可乐瓶一般粗细！我大致地数了一下，在浮球的表面生长的茗荷是一簇一簇的，每一簇大约可达 40～50 只不等，整体上成为令人看了感到密集、恐惧的平面（图 3.7）。那茗荷通过附着肌同浮球、缆绳或不锈钢架连接在一起，必须很用力才能够从上面取下来。更有甚者，在观测温度、盐度和流速 / 流向的设备上也密密麻麻地覆盖了这种生物，我担心那些仪器的工作状态因为生物的附着会变得不正常。我不是研究底栖或附着生物的，所以对“茗荷”这种生物的知识几乎是等于零。但是，我愿意从非专业的角度来描述所看到的事情。从侧面看，单个茗荷的壳体呈略带圆弧的三角形，更像一支火炬的样子。壳体的顶部尖锐、灰白色，成年的个体以像一元硬币或者啤酒瓶盖的大小居多，也有少数个头更大一些的。茗荷的壳体是碳酸钙质的（注：用稀盐酸滴上去后会发泡），上面有倾斜排列的纹路和与之近乎垂直的斑点状的生长线。茗荷的壳体呈左右两瓣对称，在壳体的顶部附近有一小半像梯形、中间可以折叠。另外，在壳体的后端还有一块细长的、呈弯月形的钙质护板。茗荷的壳体与被附着的基体 / 物体之间通过一个褐色、厚实的管道连接，里面充满有橘黄色的黏液，带一些腥味（图 3.8）。成年的完整茗荷若从附着肌的根

图 3.7　随着热带西太平洋潜标回收上来、附着在缆绳和不锈钢支架上的茗荷（又称鹅颈藤壶），摄于“科学”号海洋科考船。在照片中，附着的茗荷已经将设备的测量探头给遮住了

部算起大约有 5～10 厘米长，整体看上去就像一只长长的、被拉伸直了的“鹅颈”。当那两个壳瓣张开时，可以看到从里面露出了一只伸缩自如的口器，前端是一组大约 1 厘米长、毛绒绒的触手 / 触须，我数了一下应该是 10 对的样子。若遇到了动静，茗荷便将触须迅速地收回去，并闭紧了壳瓣。想必平时茗荷是

图 3.8　附着在潜标浮球上的茗荷（又称鹅颈藤壶），摄于“科学”号海洋科考船的后甲板

依靠这些触手滤食周围海水里面的细小颗粒物质而生活的。那茗荷的生命力极其顽强，当浮球架子从海里面捞出来，在骄阳下被暴晒了一整天之后，次日我见到在背阴处的茗荷依旧活着，浮球架的附近充满了通常我们在海边所遇到的、弥漫在空中的浓重腥气。北赤道流和北赤道逆流分属不同的流系，它们所处的位置、方向与流量都有很大的不同。但是，我们在两个地方都观察到在浮球和缆绳上挂有茗荷。茗荷的幼体刚刚附着在缆绳或不锈钢架上面的时候、或者个体比较小的时候，似乎并没有形成碳酸钙质的壳体，更像一只只黄豆芽，只是颜色略微深一些，呈黄褐色甚至黑色。我猜想，这些茗荷的幼体或者卵应

该是在海水中漂浮、随波逐流的，当遇到诸如缆绳或者浮球这类固体材料的表面时才会附着在上面。如此，在北赤道流和北赤道逆流中观测到的茗荷之间是否存在成因或者生物发育水平上的联系，以及他们又是分别从哪里来的？还有，我注意到，在缆绳和钢架上附着的茗荷包括大小和形态不同的个体，明显属于不同的生长或发育阶段。有些茗荷就将其附着肌固定在另外一些同类的壳壁上，应该是属于后来者居上的情况。此外，这些茗荷与我此前在海边的礁石或者海洋中的结构物体（例如：码头、桥桩等）的表面上看到的“藤壶”在形态上有很大的差别，为什么它们又都叫作藤壶？我记得在海边的礁石上生长的藤壶有五角钱的硬币大小，圆形、外壳很坚硬，而且开口很锋利，不小心碰上去，就会划伤皮肤。后来，一位甲板工程技术部门的伙伴告诉我，在名为《舌尖上的中国》的电视节目中，曾经介绍过鹅颈藤壶属于海鲜中的极品之一；在南欧的一些国家，例如西班牙，价格不菲，还可以做成名贵的佳肴。

在潜标回收的作业中，除了会遇到惊奇或者说惊喜之外，也会出现意想不到的惊吓。偶尔，在潜标的浮球和缆绳被拖上来的时候，也会在后面跟着长长的渔线，或者称为“流网”，是渔民用来钓取大型鱼类的网具（图 3.9）。我曾经在“金星”号上见过这种渔线和钓钩：那渔线如同过去编织毛衣用的绒线一般粗细，很结实；上面的钓钩是不锈钢的，前端的口径如同眼镜片一般大小，锋利的很。我在甲板工程技术部的同事中，有

图 3.9　在西太平洋，随着潜标回收时一同拖上甲板的渔网碎片，据船员说是用于捕捞金枪鱼用的钓线

人拥有在远洋渔船上捕捞作业的经验。据他讲，这种钓钩的尺寸和布线的方式采用的是捕捞金枪鱼的技术。在作业时，这种渔网在海洋里面是随波逐流的。还说，这种渔线和鱼钩很是厉害，可以钓起几百斤重的鲨鱼呢！不管怎样，每逢遇到潜标被渔线缠绕的情况，首席科学家和甲板工程技术部门的主任就会出现在现场，担心潜标和上面固定的仪器被渔网损坏。此前，已经有过这样的经历，缆绳从船尾拖上甲板后，我们发现上面有很多的“伤痕”，其中一种的可能是拜这些“流网”所赐。在我们的航次之前，有一个布放在北赤道流中的潜标，其从水面到下部 500～1 000 米的一段缆绳连同上面的设备，在今年的秋天被

发现漂浮到了海面，而后又被在附近作业的渔民捞了去。至今，那部分潜标上的设备仍然存放在国外某所大学的校园里面，“回”不了家。

在随“金星”号出海观测的日子里，我见过最悲催的场面莫过于是有一次在回收潜标的时候，安置在后甲板的绞车将好像上千米长的渔网随着缆绳一道“拖”了上来。刚开始的时候，我们还试图将缠绕在缆绳上面的渔线用手解下来。但很快就发现，这是徒劳的，因为渔线上来得愈来愈多，根本弄不过来，而且渔网上面的钓钩很锋利、一不小心就会被伤到。不得已，工程技术部的同事干脆就用刀子或者剪电线的钳子将那些渔线拦腰剪断。剪下来的渔网包括上面的钓钩、网索具，乃至渔网前端的信标等等，统统堆在甲板的一角，像座小山似的。那天晚上，在我们作业结束后，不少人拥到后甲板来，观赏着那摊在地面上的渔网碎片，有些人不忍心将全部的渔线都丢到船上的垃圾焚烧炉中化为灰烬，遂将里面那些鱼钩、连接网目的不锈钢卡扣、转环等搜罗起来。我也捡了几只鱼钩、不锈钢的卡扣和转环，准备带回去做个纪念。这些器材都是不锈钢制作的，已在海水里面不知泡了多久，可依旧锃亮如新，且做工很是小巧和精致。我虽然经历过若干次潜标被渔网缠绕的事情，但是每次将损坏的渔网拖上甲板后却都是只见渔线不见鱼，不知何故？有人说，渔线上原来钩到的鱼时间长了便会挣脱，逃了去；但也有人讲，渔线上钓到的鱼在水下待这么久，已经被其他的鱼给吃光了。不管是怎样的一种情形，现在似乎都无从考证。

我听说，这些用于深海捕鱼的渔网动辄几十万元人民币，如今就这样缠绕在我们的潜标上，尽数毁了。不知丢失网具的渔民在内心中是多么的伤心和痛苦。捕鱼本身就是一件风里来、浪里去的苦差事，弄不好还会搭上条性命。我不知道这些丢失的网具是否系渔民们合伙出资或者通过借贷购得来，但可以肯定的是许多人家里的生计恐怕全系于此。一想到这些，便会令人感到来自内心深处的痛。同样的道理，在整个航次中间，我们也遇到过几次潜标在水下的顶端浮球连同缆绳上面挂载的观测仪器丢失的情况，以及遇到用于水面通信的表面浮体不见了踪迹的事故。从捡回来的缆绳破损情况推测，是被人用利器割断了，估计是在渔民作业时渔网缠绕在了潜标的上端所致。在早期，也曾经发生过整套潜标丢失的情况，因为经验不足或是技术上的因素，一些布放下去的潜标竟然“石沉大海”。所有这些事情回想起来同样令人感到十分地惋惜，有一些恐怕在个人的职业生涯中成为挥之不去的阴影。

印度洋的落日余晖

Chapter 4

第四章

看不见的化学元素

海水化学成分的测量，能够帮助我们理解海洋中化学元素的来源与归宿，以及生命过程所依赖的元素周转同生态系统中的物质流动之间的联系。

04

在多学科交叉的海洋科学观测活动中，不同学科的工作内容若不便同时展开，就需要在航次的实施计划书中安排一个甲板作业的先后次序。通常，在抵达测站后，首先安排做的是梅花式 CTD 的观测，目的是要对当地海水的剖面结构和不同水层的性质有一个细致的了解。利用与 CTD 装在一道的梅花式采水器阵列，可将不同深度的海水样本采集上来，用于实现各种不同目的的研究活动。此时，若化学、生物学和沉积动力学的项目需要采集水样，则可以根据梅花式 CTD 记录的海水剖面结构，通过在甲板上的控制单元来确定采样的深度和数量。然后，在梅花式 CTD 被绞车拖上甲板后，可以从梅花阵列的采水器中将所需的水样采集出来，以便进行后续的实验工作。通常，海水样品可通过装在梅花式 CTD 架子上的采水器下端的放水口外加一个干净的塑料软管收集到样品瓶中，用于像溶解氧、营养盐、溶解有机碳等参数的测量，以及利用微孔材料（注：通常采用孔径为 0.4 微米的滤膜或柱芯）过滤的方式收集海水中的悬浮颗粒物。

在每一次将梅花式 CTD 释放入水之前，值班的工程师们都会将尼斯金（Niskin）采水瓶中残留的水样放光，然后将瓶子的两端打开并挂在 CTD 架子上的闭锁开关一端。然后，还要仔细地检查采水瓶的放气和出水开关是否关闭；连接两个采水瓶盖的弹性橡胶带子在使用过程中会发生老化，也需要检查和定期地更换。最后，还需要将用于清洗 CTD 探头的淡水注射器从水泵的连接处拔下来，整个梅花式 CTD 才会被从后甲板上释放下水。有时，即便不是所有装在梅花式 CTD 上的尼斯金采水瓶都用于采水，在释放下水之前也要将它们全部打开。当尼斯金采水瓶在甲板上处于关闭的状态时，里面的承载是一个大气压。此时，若将尼斯金瓶释放下水，则当外部的水深每增加 10 米，压力的改变就相当于一个大气压。因此，随着水深的增加，空置并处于关闭状态的尼斯金采水瓶最终会因为外部海水压力的改变而被“挤”破。我记得在此前的某一个航次上，由于失误，有人在没有将尼斯金瓶打开的情况下就将梅花式 CTD 释放下水，结果那一次有 4 个瓶子因为被压碎而报废了。在那个航次上，我们原可以装 12 个尼斯金采水器的梅花式 CTD 上，因为没有备件可以更换，只剩下了 8 个采样瓶子可以使用。

然而，我们课题组承担的工作是研究海水中痕量元素的行为。从船载的梅花阵列采水器采集的水样由于受到船体、钢缆、CTD 的金属构架，以及采样瓶的材料和设计本身的缺陷的影响，会发生对样本的沾污。所以，在物理海洋学家利用梅花式 CTD

对海水剖面进行观测的同时或之后，我们需要单独采集用于痕量元素分析的样本。按照作业的顺序，当水下的潜标链被全部打捞出水后，“金星”号开始进行梅花式 CTD 剖面测量和采水的作业。在数字化的海图上，测站所在位置的水深大约是 5 500 米；“金星”号上携带的声学测深仪器对海底扫描后得出的结果与这个数值接近。这时，我会通知驾驶室开始进行关于痕量元素的采样作业，并要求将“金星”号的船向进行调整。其中包括：调整方向使船头顶流，以减少船体带来的沾污对采样过程的影响；将释放梅花式 CTD 的那一侧船体迎风，以避免因船的漂移将钢缆“压”到船底。若遇到海况不好的情况或者测站所在的位置附近海底的地形变化比较大的时候，还需要开启船上的动力定位设备，以保证“金星”号不随着风和水流漂移，船体相对于海底的坐标位置基本不变，或者在比较小的平面范围内进行临时的调整。此外，利用装在梅花式 CTD 上的高度计，还可以随时探知设备在下放过程中与海底之间的距离，或者说知晓采样器的架子距海底沉积物表面以上的高度余留还剩下多少米。

在大多数的情况下，受限于海洋科考船的规模和航次的时间安排，每个研究课题中能够上船的工作人员的数目同样是受到限制的。这样上船参加观测工作的队员就会有责任为课题组的其他未能参加航次的同事采集样本或者完成除本职工作以外的额外作业任务。然而，若需要从梅花式 CTD 采水，则根据不同测试项目的要求具有一定的作业顺序。一般的原则是：那些受环境变化的影响比较大，或者容易被沾污的测量项目具有采样的优先权。在甲板上打开采水瓶的出水口时，那些溶解在深层海水中的气体物质，譬如：氧气、二氧化碳、氧化亚氮、甲烷、氟里昂等，它们会因为压力和温度的改变容易从水体中逃逸出来而产生损失，应该优先采样。有一些容易受到采样过程沾污，或者在甲板的环境下不很稳定的化学物质，像溶解态的痕量元素、溶解有机碳、营养盐等，也应该在采样中优先考虑。在此之后，才是那些比较常规或者不容易被沾污的观测项目，例如：浮游生物、悬浮颗粒物、含量比较高的化学组分（例如：常量元素），等等。此外，在分配采样顺序的时候，也需要考虑到在不同的课题组对样本数量的需求之间寻求一种大家都可以接受的妥协。有的研究项目需要很多的海水样本，因而，在分配时应该优先让位给那些水量需求小的课题。毕竟，与其说大家都不够，还不如让一些课题先得到满足。必要时，可以从甲板上再次释放梅花式 CTD 进行采水的作业。

有时会出现这样的情况：由于船时或者观测 / 采样能力的限制，在一个测站采集上来的水样不能够满足所有学科对样本的需求。这时在甲板作业中，我们会采取如下的技术处理：如果若干测站都不能够得到满足设计的层次和采集到足够样本的保障，就舍弃一些测站，选择在那些有限且重要的测站上实现所有的设计层次，将样本的采集工作做完整。在此，我不妨称之为化学海洋学观测与采样的“优先权衡规则”。

周期表上的不同化学元素之间，它们的性质与其在海水中的含量、行为等方面具有很大的差别。但是，在实际操作中，可以根据研究的需要对化学元素进行一些划分，例如区分为主要或者常量元素（Major Element）、营养盐（Nutrient）、痕量元素（Trace Element）等。

早在200多年以前，也就是在现代海洋学诞生的初始阶段，欧洲的科学家在对世界各地的不同海水样本进行测量之后就已经确定：对于世界各地或不同的开阔海洋来说，海水里面的常量元素的组成和它们之间的比例关系基本不变，而且常量元素的含量变化是海水盐度的简单函数。这里面所提及的常量元素包括：阳离子中的钠、镁、钾、钙、锶，

小贴士

4.1　化学元素的分类

在海水中，主要的阳离子是Na^{+}、Mg^{2+}、Ca^{2+}、K^{+}、Sr^{2+}，主要的阴离子包括Cl^{-}、SO_4^{2-}、HCO_3^{-}、Br^{-}、F^{-}等。它们在海水中占所有溶解态离子含量的99.5%以上。上述这些化学离子，统称海水中的常量成分。

在化学元素周期表中的另外一些元素，它们在海水中的含量很少，有些在10^{-15}～10^{-12}量级，甚至更低。这些化学元素在化学海洋学中被称为痕量元素。由于这些化学元素在海水中的含量很低，在采样和分析过程中有些极其容易被沾污。

尽管现代的分析和测试仪器已经达到了很精密的水准，但是在大多数情况下，直接分析海水中的痕量元素还是很困难的，需要经过特殊的富集和分离的技术处理。此外，海水是一个成分复杂的电解质溶液，对许多的分析和测量方法具有干扰作用。

阴离子中的氯、硫酸根、碳酸氢根和碳酸根、溴、氟等，共计十余个。这些化学元素决定了我们采集到的海水样本的盐度。然而，我们对于化学元素周期表中的其他几十个元素在海洋中的含量、价态，以及行为的认知则要晚得多。特别是一些痕量元素，不仅仅是因为它们在海水中的含量很低，而且在样本采集时极易受到来自船体、机舱冷却水排放、钢缆、采样器材的腐蚀、溶出和泄漏等多方面的影响。在实验室（图 4.1）进行操作时，又易遭遇诸如环境（例如：大气）、水和试剂的纯度、器皿

图 4.1　在船上的实验室中临时搭建的两个 100 级的洁净工作台，用于对痕量元素样本的现场处理

的清洁程度等因素的干扰，而产生沾污和损失，使得学术界对早期文献中报道的痕量元素的数据产生疑问。特别地，20 世纪前半叶的测试技术与分析仪器的检出限和灵敏度也满足不了对海水中一些溶解态痕量元素的测量需求。在科学文献中，一般是认为在 20 世纪 80 年代以后，才出现关于海水中痕量元素比较可信的研究成果。

海水中的一些化学元素，像氮、磷、硅等，属于浮游和底栖植物、自养微生物等生长所必需的物质。离开它们，浮游植物的光合作用就不能够正常地进行。这些元素在海水中通常以无机盐类的形式存在，故称之为营养盐。有一些痕量元素，像铁、锌、钴、锰、铜等，虽然在海水中的含量很低，但它们会参与不同种类的酶化学反应，也对浮游植物的代谢过程起到不可替代的作用。在 20 世纪的 50–60 年代，海洋科学家已经通过对大量样本的分析和数据统计，发现在海洋中浮游植物对营养盐的利用具有一定的比例或者计量关系（Stoichiometry）。例如，在浮游植物生长所必需的 6 个主要元素氧、氢、碳、氮、磷、硅中，统计上具有氧：碳：氮：硅：磷 =138：106：16：16：1 的特征物质的量（摩尔）比例关系。然而，近期的研究工作表明，尽管在总体上，上述元素之间的比例关系在认识营养盐的行为和它们在海洋中的循环是有效的，但在不同的海域、针对不同的浮游植物类型乃至在同一种生物的不同生长阶段，氧、碳、氮、硅、磷之间的计量关系在一定程度上也是变化着的。

历史上，我们对化学元素在海水中的行为的认知非常强烈地依赖于技术的发展。而且，就化学元素本身来说，影响其在海洋中的归宿的因素，不仅仅是它们的含量，还包括其赋存的形式(譬如：价态与配合物)。在现代海洋科学发展的早期阶段，受限于当时的技术能力，研究工作集中在对世界上不同地区的海水中常量元素成分的测量。那时的测试技术主要是利用重量测量与容量分析的方法，或者通过对比样本燃烧时火焰的不同颜色（例如：钠和钾在火焰中的颜色是不同的）借以区分，即光谱学的技术。当时的分析和测量的偏差 / 误差也比较大。同时由于对于实验数据理解的偏颇，导致在海洋科学的研究中走过一些现在回顾起来不可避免的弯路。譬如，在 20 世纪初，曾经有人通过对实验结果的分析宣称，海水中元素金的含量相当可观，于是德国的科学家在连接欧洲的不同陆地与岛屿之间的渡船上，设计并安装了依据电化学原理从海水中富集金的装置，结果是一无所获。后来发现，当年采用的测试技术无法满足分析海水中溶解态痕量元素的需求，而且存在很大的数据偏差，而现在我们知道在海水中金的实际含量比在 20 世纪初宣称的结果低好几个数量级。我记得在自己小的时候，民间曾经也有一种观点，说是孩子们要多吃一些菠菜，因为其中铁的含量比较高。后来，有专家出来澄清，说是这种讲法是不对的，因为测量的数据有误，云云。20 世纪 80 年代国家实施改革开放的政策以后，从西方引进了一部名为《大力水手》的动画系列片，曾经风靡一时。该片里面讲的故事是围绕着一个水手吃了菠菜以后立刻“功力”倍增的故事，很受孩子们的喜爱。想必那个动画片的编辑和制作也是受到了“菠菜里面铁含量高”的启发。医学专家告诉我们，铁在人体里面参与了血红蛋白的合成，后者对诸如血液中氧气的输运等这样增强体力和维系生命的过程至关重要。

关于海水中营养盐的分析技术在 20 世纪的 50-60 年代就已经相当成熟了。依据色阶原理和后来发展出来的光（波）谱学的技术，化学海洋学家可以测量出海水中含量在 10^{-9}～10^{-7} 量级的营养盐。然而，对海水中溶解的无机氮、磷和硅的测量所依据的基本原理，依旧是它们参与特定的显色化学反应，然后在可见光波谱范围内，利用产物颜色的深浅变化与反应物之间的含量关系来进行计量。通常，许多人在研究中将海水中营养盐含量的变化同生命过程中的代谢作用相互联系（例如：浮游植物对营养盐的吸收和利用），但我不知他们是否曾经质疑过测量出的营养盐数据是基于一些特定的化学反应的机理，它与生物在海洋中所依赖的生存环境和对营养盐利用的机制相差甚远。而且，前者（即：测量所遵循的化学反应）的介质条件（例如：酸度）较在海水中也苛刻得多。我至今仍不能够确信：我们所分析的无机形态的营养盐以及其他物质的含量是否真实地刻画了这些化学元素在海水中的赋存形式，或者测量的结果能够同海水中生物的代谢过程对元素的利用、释放之间建立一种直接的联系，这恐怕仍旧是个谜。

小贴士

4.2　元素的赋存形式

在海水中，溶解的化学元素会参与不同的氧化-还原反应，因而具有不同的价态，例如铁在海水中可以是 Fe^{2+} 或者 Fe^{3+}、铜可以是 Cu^{+} 或者 Cu^{2+}，等等。此外，大部分的化学元素，特别是痕量元素，它们在海水中不是以游离或者简单的离子形式存在的，而是与各种类型的有机和无机配体结合 / 络合在一起。因此，通常将化学元素在海洋中的存在价态、与不同的有机或无机的配体结合等统称为赋存形式。

不同的赋存形式会在很大的程度上影响化学元素在海洋中是怎样以及在何种程度上参与了化学与生物学的过程，例如被生物所利用或者形成有价值的矿产资源等。

当研究的问题涉及海水中那些含量更低的化学元素时，情况就变得愈加复杂起来。相对于常量元素和营养盐，海洋中痕量元素的采样和测试技术的发展比较缓慢，对于在化学元素周期表中的一些元素及其同位素，至今都缺乏成熟和过硬的分析方法。目前用于进行海水中痕量元素测量的技术，包括测量原子核外的电子受激发后产生轨道跃迁时对能量的吸收和从激发态转变为基态时释放出的能量的光谱学方法，基于电化学原理对发生在电极表面的化学反应所伴随的电流和电位进行测量的波谱学方法，以及在磁场和电场中测量带电粒子的质量与电荷比值的质谱学方法等等。对于那些海水中含量很低的放射性核素，还可以利用对 α 粒子、β 粒子和 γ- 射线测量的技术进行分析。然而，由于海水的电解质特点和复杂的介质成分，即便是利用现代化的分析设备和测量技术，依旧需要通过繁琐的富集和分离流程将待测量的化学元素从海水中进行“提纯”，以满足实验和测试的需求。

在化学海洋学中，有一些研究领域或项目在实施过程中对于样本的采集具有特殊的要求。譬如，像一些溶解态的痕量金属元素，它们在海水中的含量是 10^{-15}～10^{-12} 量级，或者更低。如前所述，我们常规的采样设备（例如：钢缆和梅花式 CTD 不锈钢材质的支架）都含有金属的材料，包括用于观测的船体本身，也是利用金属制造的，这样在采集海水样本和预处理过程中会引入相当可观的沾污。现在，世界上一些发达的国家建造有专门为采集海洋中溶解态痕量元素样本配备的绞车、A 型架和洁净实验室。我所在的课题组依据气象学观测中“风向标”的转动原理和参考其他实验室的经验，设计了一套 X-Vane 的采样架，用于在常规的海洋科考船上利用尼斯金 X（Niskin-X）采水瓶（注：美国 General Oceanics 公司生产的一种聚氯乙烯材料、内部有聚四氟乙烯涂层的采水器）采集痕量元素的样本（图 4.2）。

现场作业时，我们在后甲板上先将梅花式 CTD 观测系统释放入水。然后根据设计的深度将 10 个 X-Vane 架利用尼龙锁块依次固定在钢缆上。见到我们人手不够，水头也过来帮忙，并问为什么不从梅花式 CTD 中直接采水？“因为钢缆和 CTD 系统的金属部件会引起样本的沾污”，我回答道。在往钢缆上装 X-Vane 架的时候，水头又问，X-Vane 架的作用是什么？我解释

图 4.2　X-Vane 采水架和现场作业的情况，摄于“实验 3”号海洋科考船。X-Vane 采水支架包括两块以锐角相交的聚乙烯塑料尾翼板和一个可围绕钢缆自由旋转的钛合金瓶架，采样瓶装在支架的前端。在采样时，X-Vane 支架用两个固定在钢缆上的尼龙材质的卡扣作为限位器，从甲板上释放使锤将采样瓶在水下设计的深度关闭

说，这个采样架可围绕钢缆自由地旋转，并且由于呈“V”字形结构的两个尾部翼板的控制，使得采水瓶一直处于海水流动的上游方向，减少因船体和钢缆等金属材料导致的沾污风险。我们曾经利用不同的采水器，即 MITESS（注：美国麻省理工学院研制）、X-Vane 和常规的梅花式 CTD 采集的样本，测量其中溶解态铁（dFe）和其他几种金属元素（例如：铝、锰、铅）的含量。之后，通过对比发现梅花式 CTD 样本中测量的铁、铅数

据波动性较大，而 X-Vane 和 MITESS 之间的结果比较一致[⑤]。故利用实际的样本，验证了 X-Vane 确实能在一定程度上降低金属材质带来的沾污风险，有助于获取更为可靠的痕量金属元素的测试数据（图 4.3）。

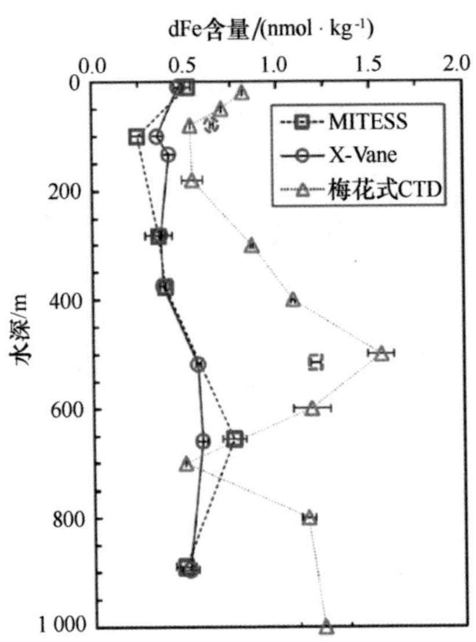

图 4.3　使用不同的采样技术获取的溶解态痕量元素铁（dFe）剖面。图中显示利用 MITESS（注：美国麻省理工学院研制）、X-Vane 和常规的梅花式 CTD 采集的样本中溶解态铁的含量对比。此图中的数据来自 Zhang et al.（2015）[⑤]。在图中，MITESS 和 X-Vane 的数据对比的结果比较一致，而从梅花式 CTD 采集的样本中溶解态铁的含量波动比较大，而且明显高于其他两种采样方式获取的数据。类似的情况也出现在其他对沾污“敏感”的元素，譬如铅等的测量之中

遇到不在后甲板使用梅花式 CTD 作业的测站，我们会到前甲板采用更为简易的方式采集适用于无机痕量分析的水样。这时，我们需要将一个尼龙的滑轮固定在前甲板的绞车下端。将一根干净的尼龙绳从滑轮中穿过，并在其前端拴一个不锈钢材

⑤ Zhang R., Zhang J., Ren J., et al. (2015) X-Vane: A sampling assembly combining a Niskin-X bottle and titanium frame vane for trace metal analysis of sea water. Marine Chemistry, 177: 653–661.

料制作的重物，俗称“铅鱼”。在采样时，将 X-Vane 架子固定在那根尼龙绳锁上、上面装一个容积为 5 升的尼斯金 X 采水瓶，距下端的铅鱼 5 米左右。在将 X-Vane 释放到水下的 10 米深度之后（注：“金星”号的吃水深度是 5～6 米），通过在甲板上释放一个外面镀有特氟隆涂层的使锤，在水下触发那个 X-Vane 架子上的机关，后者会将采水瓶关闭并采集水样。为了避免沾污，全部用手工操作。一个航次下来，我们需要在前甲板上利用这种方式采集 50 多个样本。后来，船上的轮机长看我们这样操作很是“笨拙”、费力，而且每次都需要请工程技术部门的值班人员过来帮忙，遂请机舱的技师们帮我们制作了一个可以旋转的不锈钢三脚架。通过焊接固定在甲板上之后，那个支架可以在 180 度范围转动，并也可用绳索随时固定起来（图 4.4）。这个采样三角支架看似简单、但却很实用，这也是轮机部门克服很多困难帮我们解决了难题（注：应该想到，在茫茫的大海上不像在陆地，可以随时找到所需要的材料）。第二天，水头又带着人将那个采样支架进行打磨，并在外面刷了两遍环氧树脂油漆，以减少海水对金属腐蚀产生的沾污影响。自那以后，我们在前甲板的采样工作方便了许多，效率也提高了。基于来自这个航次的痕量元素的数据，实验室的研究生们曾经做过一个宣传展板，悬挂在“金星”号的餐厅外面走廊的墙壁上。不过，这已是后话。

在海洋的表层，浮游植物利用太阳辐射和简单的无机营养盐进行光合作用，将光能转变为化学能，并且通过水和二氧化

图 4.4 “科学”号海洋科考船上的工程师们为我们制作了一个用于在前甲板上采集痕量元素样本的不锈钢支架，可以在 180 度范围内自由旋转

碳合成出具有复杂成分的有机物质，释放出氧气。因而，在真光层（注：通常系指从海洋表面到太阳辐射衰减到 1% 的水层厚度）中以光合作用为主导，那里溶解的氧气通常是处于饱和与略微过饱和的状态。在海洋中，当有机物质被异养微生物利用并发生降解时，会消耗水体中溶解的氧气。在海洋与大气之间，也会发生气体的交换，这在某种程度上限制了表层海水中溶解的氧气的含量不会无限制地增加或者显著地下降。但是，在真光层以下的深层水中，基本上不存在光合作用。那里，异养微生物对水体中溶解的有机物质和从真光层沉降下来的生物

碎屑的利用也需要消耗氧气。因此，如果检查梅花式 CTD 记录的溶解氧的垂直剖面，你将会看到在表层水中溶解氧的含量比较高且呈现垂向稳定的特点，向下一直持续到温度或盐度的跃层（注：系指在深度大约 100 米处，温度或盐度在比较狭窄的水层范围出现明显的变化）附近。再向下，溶解氧的含量随着深度的继续增加而开始缓慢地下降。这种现象一直持续到水深 700～800 米处，在那里通常会观测到整个垂向剖面中溶解氧含量的最低值，也称为溶解氧最小层（Oxygen Minimum Zone）。而且，在年龄越“老”的水体中，所观测到的溶解氧的含量也就越低。例如，在北太平洋中测量到的溶解氧最小值明显地低于北大西洋。然后，随着深度的继续增加，水体中溶解氧的含量又开始缓慢地升高，并且逐渐趋于稳定，一直持续到海底。虽然在世界上的不同地区，溶解氧的剖面结构的特点不同，但是这种变化的格局或者说分布的趋势在开阔的海洋中大致不变。

然而，当“金星”号海洋科考船进入孟加拉湾（Bay of Bengal）之后，情况与我们在南边的赤道附近的地区观测到的结果出现不同。我们从梅花式 CTD 记录的剖面结构上注意到，在孟加拉湾，表层水相对比较淡一些，譬如盐度比南边的赤道地区低 1～2 个单位（即：千分值）。这层盐度相对较低的海水影响到上层 50～100 米的深度。而且，梅花式 CTD 上装的体外荧光探头记录的叶绿素信号也明显地高于南边更为开阔的赤道地区。一种可能的情况是：由于受到季风的影响，孟加拉湾地区的降水非常充沛。来自发源于喜马拉雅山脉的世界上著名的两条大河——雅鲁藏布江（Yarlung Zangbo）和恒河（Ganges），它们汇合后将所携带的巨量淡水也从北部注入孟加拉湾。此外，在孟加拉湾的西岸有来自印度半岛的河流注入，包括戈达瓦里河（Godavari）；东岸有来自中南半岛地区缅甸的伊洛瓦底江（Irrawaddy）等等。自北部注入孟加拉湾的河流包括布拉马普特拉河（Brahmaputra），它的上游是发源和流经我国西藏的雅鲁藏布江，另外一条是来自于喜马拉雅山脉南侧的恒河。根据文献记载，布拉马普特拉河与恒河汇合后的径流量达到 1.12×10^{12} 立方米 / 年，超过了中国的长江。若以每年携带入海的陆源沉积物的质量计算，两条河流汇水后更是达到了 1.06×10^{9} 吨 / 年，超过了世界上已知的其他河流。

因为在前一天的夜里做实验“熬”了个通宵，这天的上午我仍然在寝室里面睡觉（注：因为在科考船上的作业是连续的，休息和睡觉常常是零零散散和“碎片”化的）。在朦胧中，隐约听到有人在外边敲门。原来是航次的首席科学家过来，想告诉我在孟加拉湾里面北纬 10 度附近，在水深 100～200 米的地方观测到异常低的溶解氧数值（图 4.5）！出现这种现象，可能会有各种不同的原因。随后的那几日，在餐厅吃饭时大家不免会聊起这件事情。生物学家觉得在如此浅的水层中出现比较低的溶解氧数值，会同那里的异养过程对水体中的溶解氧迅速消耗有关，不然在真光

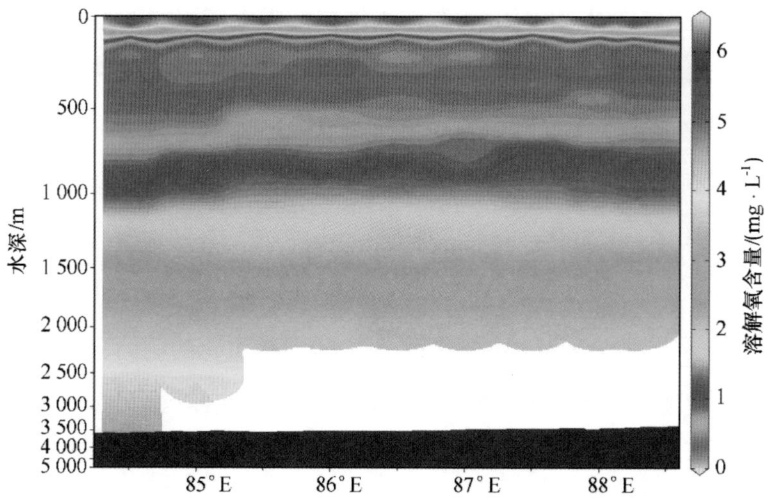

图 4.5 在孟加拉湾中，沿着北纬 10 度的溶解氧含量剖面。图中所用的资料来自“实验 3”号于 2017 年 2-4 月执行的国家自然科学基金委员会的共享航次。其中，空白的区域系因为缺乏观测的数据，黑色表示海底的位置。在正常的情况下，海水中的溶解氧的含量在水深 500～1 000 米之间相对比较低，譬如在赤道的附近溶解氧的低值出现在 700～800 米附近（图 2.4）。但是在孟加拉湾中，低的溶解氧含量开始出现在 100～200 米的深度（绘图：曹婉婉）

层中自养浮游生物的光合作用会在那里维持一个比较高的氧气含量。物理学家倾向于从大量淡水经由河流或者以大气降水的形式注入孟加拉湾的表层、导致那里在垂向上的层化比较强的角度来分析对观测到的低溶解氧数值的影响。还有一种猜测认为，如此巨量的淡水携带陆源的营养盐注入孟加拉湾，应该在近岸地区引起富营养化的现象；然后，随之而来的异养微生物对有机物质的利用会在真光层的下部迅速和大量地消耗溶解氧。当然，这也与伴随着水体的层化而出现的在孟加拉湾内表层水团的稳定性增加、水龄时间不同等因素有关。可是，事情并不仅仅局限于在100～200米的深度开始出现溶解氧含量的低值本身，它对许多具有不同的氧化-还原价态的化学元素在海洋中的循环会产生重要的影响。我记得一个来自丹麦、德国、美国与印度等国家的联合研究小组近期声称，在孟加拉湾的上层数百米范围（注：缺氧的水层），那里氮循环的格局受到亚硝酸盐氧化的制约，与同处于印度洋北面和受到季风气候的影响、但在印度半岛另一侧的阿拉伯海（Arabian Sea）有明显的不同⑥。在孟加拉湾上层数百米（例如：100～400米）的水层中，比较低的溶解氧的含量为与表层水体混合带来的溶解氧增加量和异养微生物对氧气的消耗量之间的收、支变化所维系，此时硝酸盐还原产生的亚硝酸盐可在少量溶解氧存在的情况下被氧化，从而抑制了反硝化过程（即：硝酸盐被异养微生物还原，经过亚硝酸盐转变成氮气的系列化学反应通道）进行到底。与世界上其他类似的海域相比（例如：阿拉伯海），虽然孟加拉湾的缺氧（Oxygen Depletion）现象十分显著，但是那里的反硝化过程与氮气向海表上空大气的释放（注：反馈）都相对地比较弱。

在海洋中，浮游生物通过进行光合作用在合成有机物质的

---

⑥ Bristow L. A., Callbeck C. M., Larsen M., et al. (2017) N_2 production rates limited by nitrite availability in the Bay of Bengal oxygen minimum zone. Nature Geoscience, 10: 24–31.

同时，产生作为副产品的氧气。异养微生物在对有机物质的降解过程中，消耗水体中溶解的氧气。两者之间的相互作用引起的溶解氧剖面的变化也同其他化学元素的循环发生联系。大约在60年前，人们就已经知道，当浮游植物在海洋的表层进行光合作用的时候，其生长本身会根据一定的比例关系吸收和利用水体中的营养盐，因而会导致在真光层中的氮、磷、硅等呈现一种匮乏的状态，或者说浮游植物的生长受到了某一种或几种营养盐的“限制”。在真光层以下，异养微生物对有机物质的利用又会将其中的营养盐“释放”出来并转变为无机盐的形式，文献中也有称之为“矿化作用”。因此，在开阔海洋的垂向剖面中，通常会观测到营养盐的含量在表层水中非常

小贴士

4.3　营养盐的限制作用

在开阔海洋表层，一般处于寡营养的状态。那里浮游生物赖以生存的一种或几种营养盐非常贫瘠，限制了光合作用的持续进行和生物量的积累。从生物演化的角度，开阔海洋中表层水的寡营养特点使得那里的浮游生物的个体变得小型化，从而增加在种群竞争中的优势。

德国科学家尤斯图斯·冯·李比希（Justus von Liebig）在19世纪的中期就指出，营养盐对浮游植物生长的限制作用应该包括两个方面：其一，当某一种必需的营养盐含量很低时，亦即低于植物生长所必需的阈值（注：临界含量），所引起的限制作用；其二，在不同的营养元素/盐之间的比例关系中，某一种元素相对于其他的营养盐比较匮乏时，也会对浮游植物的生长产生限制，类似于水桶的“短板效应”。

低，有时甚至低于实验室测量的检出限。在真光层以下，营养盐的含量会随着水深开始逐渐地增加，并在 1 000～2 000 米区域出现峰值。再向下，营养盐的剖面趋于稳定（图 4.6）。一般地，在深度剖面中，硝酸盐和无机磷的峰值出现在水深比较浅一些的位置，硅酸盐的峰值所在的水深会更大一些。同样地，在太平洋中，因为其“年龄”相对比较老，深层水中的营养盐含量相对于比较年轻的北大西洋而言更高一些。

因而，上述来自对孟加拉湾的研究成果展示的只是营养元素循环中的“冰山一角”。若以氮在海洋中的循环为例，它涉及元素在不同价态之间的转化，同位素分馏（注：某一种化学元素的各个同位素之间在物理、化学、生物等反应过程中以不同的比例分配于不同的物质之中），以及有机与无机形式之间的相互作用（图 4.7）。在海表附近，受到太阳辐射影响的深度范围（即：真光层）中，浮游植物在进行光合作用的时候，吸收和利用溶解的无机氮（例如：氨与硝酸盐）并将其转变成含氮的有机物质（例如：蛋白质与氨基酸），俗称“同化作用”（Assimilation）。并且，由此生产的有机物质及其储存的能量会通过摄食关系在食物网中由低向高营养级的物种迁移。海洋里的溶解和颗粒态的有机物质会被异养微生物和真菌类生物降解，有机态氮通过再矿化过程被转变为氨。进一步，氨在微生物的作用下可以转变为硝酸盐，称之为硝化作用（Nitrification）。硝酸盐通过异化还原（Dissimilatory Reduction）的过程也可以转

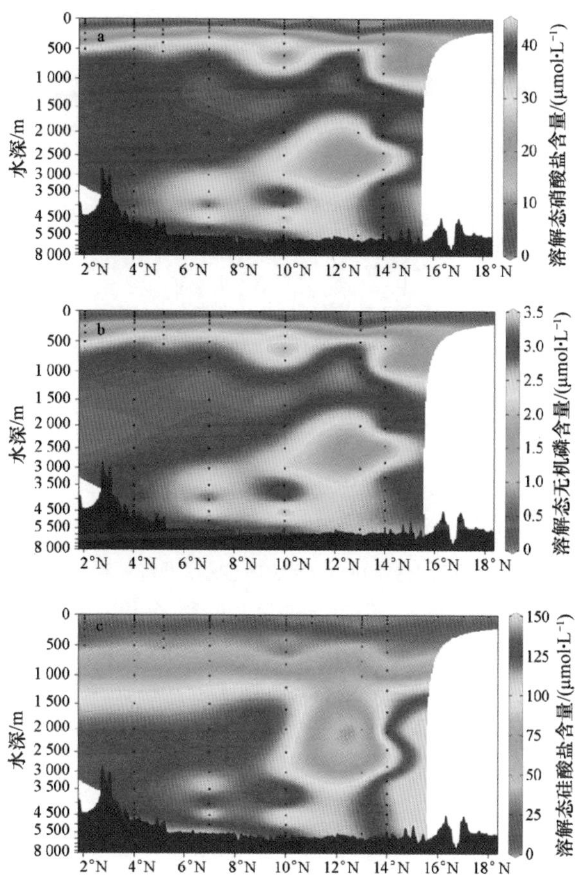

图 4.6　热带西太平洋沿东经 130 度的溶解态硝酸盐（NO_3^-）(a)、溶解态无机磷（DIP）(b) 和溶解态硅酸盐（DSi）(c) 含量的剖面结构。图中的数据来自 2017 年 9-11 月“科学”号海洋科考船执行的国家自然科学基金委员会的共享航次。在图中，空白的区域系因为没有样本和分析数据。在热带西太平洋，植物性的营养盐（氮、磷、硅）在表层水中因光合作用被浮游植物利用而变得很低，在有些地方含量甚至低于仪器的检测限。在真光层之下，随着有机物质被异养生物的利用和降解，发生了营养盐的再矿化作用。于是，随着水深的增加，营养盐的含量逐渐地增高，在水深 1 000~2 000 米之下趋于稳定（绘图：金杰）

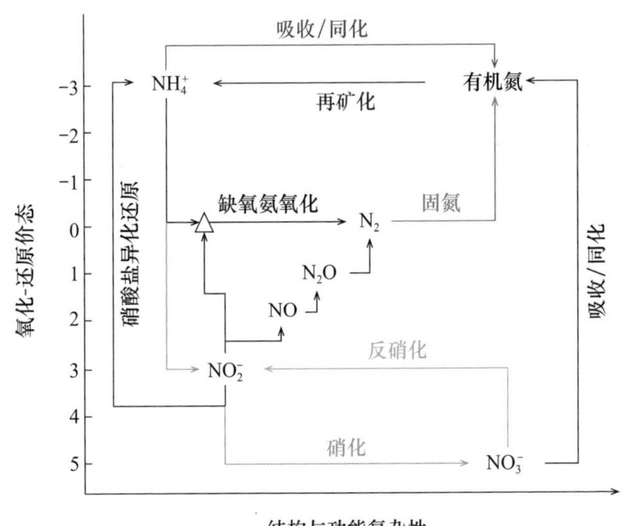

图 4.7　海洋中氮循环的主要通道。在图中无机氮通过被浮游生物吸收转变成含氮的有机化合物（吸收 / 同化），一些自养的微生物可以直接利用大气中的氮气进行光合作用（固氮）。有机物质在异养微生物的作用下通过分解产生无机形式的氮（再矿化）。微生物也可以通过硝化作用将氨转变成硝酸盐，或者通过反硝化作用将硝酸盐等转变成氮气。在缺氧的环境下，一些微生物还可以利用氨和亚硝酸盐并生成氮气，亦即所谓的缺氧氨氧化作用

变为氨。有些自养微生物可以在光合作用中通过固氮机制直接利用海水中溶解的氮气（即：固氮作用）。微生物也可以将硝酸盐转化为氮气，称之为反硝化作用（Denitrification）。在过去的20年中，人们发现当海水处于缺氧的状态时，有一些比较特殊的微生物类群可利用氨和亚硝酸盐并生成氮气，这是一种所谓的“岐化”反应,亦即在图4.7中的缺氧氨氧化作用（Anammox）。

至此，我们应该意识到海洋观测活动的本身便是具有被动

的特点。在出海观测中，我们所看到的是海洋中所发生事情的结果而不是起因，或者说是某一个过程在特定阶段所展露的现象。而且，受到自身的专业训练和观测技术所限，我们所“观察”到的仅仅是海洋中所发生“事件”的某一个侧面而非全部，恰如在来自孟加拉湾的研究中所展示的结果。譬如，当在世界上不同的地区观测到的样本的温度和盐度相似时，并不简单地表明这些水团的类型是相同的或者在成因上一定存在着某种不可割裂的联系。因而，我们对观测结果的理解或者诠释存在着臆测 / 猜测的因素并且是基于现有的理论，后者本身又需要不断地被实践所检验。然而，如果要对海洋中所发生事件的来龙去脉有一个比较透彻的理解，或者在分析观测到的现象背后的机制与过程时，需要采用不同的研究思路和技术。我记得在近期的某一次学术报告会上，一位来自德国法兰克福大学的教授展示了两张照片，上面是欧洲与美国的重型卡车的外形对比。然后，那位教授问大家，为什么在图片上我们欧洲卡车的驾驶室是平头的，而美国的卡车却有一个很具特色的“大鼻子”？在座者之中无人知晓其答案。接下来，那位教授解释说，原因是在 20 世纪的 60 年代初，当时的联邦德国的议会做出了一个决定，要求所有在公路上行驶的卡车其长度不得超过 14 米。这样一个决定从此改变了整个欧洲卡车设计的理念，并影响到了日后技术的发展。在那个会议上，这位德国教授利用历史和现实生活中的不同事例，阐述我们在社会科学中看到的所有事情的结果其实

都依赖于其经过 / 发展的路径。由此，若将社会科学的研究成果推广和应用到认识海洋中发生的事件，我们是否也可以理解为：我们在出海期间观测到的结果，不仅仅是与其产生的起因、或者说出现某个现象的外部驱动作用有关，而且依赖于从起因到结果之间所经历的路径或者说过程？尽管起因可能相似，但若路径或者过程不同，结果可能会大相径庭。问题恰恰是，这种所谓的路径或者过程转瞬即逝，我们仅仅通过观测本身无法去识别，也“窥测”不到。

在学校里，我在课堂上给硕、博研究生们讲授化学海洋学时，也会有意无意地强调上述这种关于“途径”的知识对于理解海洋中发生的事件的重要性。而且，对“过程”的认知需要不同的思考方式，并且要仰仗技术本身。我会给学生举例：在华东师范大学中北校区的正门与黄浦江边的外滩之间可以通过不同的道路连接并且有许多的交通工具（注：此处也包括步行）可供选择。假如在某一个时刻 t_1，在学校的正门有 1 000 名师生出发前往上海市的不同地方，但被要求在途中都必须经停外滩并向那里的工作人员报到。同时，在黄浦江边的外滩设置一个中转站以计数经过那里的这 1 000 名师生。那么，在不同的时刻 t_2（$t_2 \geq t_1$），你会计数到采用不同交通工具和选择不同道路的师生（注：这 1 000 名师生都没有特殊的标记、也不允许同中转站的接待人员有任何形式的交流），他们会在不同的时间段（t_2-t_1）经过外滩，且每一次记录的对象 / 结果都将各不相同（图 4.8）。这种情况类似于

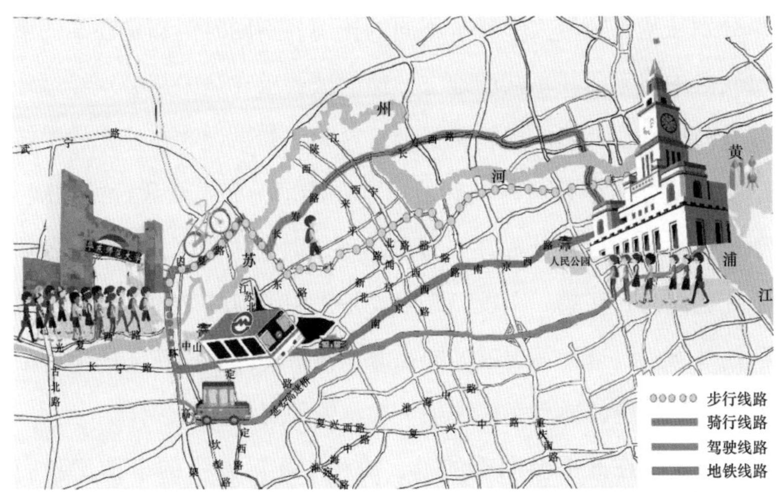

图 4.8 连接从华东师范大学的中山北路校区到位于黄浦江边的外滩之间的主要街道和公共交通工具选项。在图中，从校园出发前往外滩的师生可以采取步行、乘坐公共交通和驾车等不同的方式。同时，也可以选择不同的街道和路线前往外滩。于是，仅仅通过在外滩随机地记录到达那里的师生数量，将不足以回答诸如某一个师 / 生离开学校的时间、采用的交通工具，以及出行的路线等技术方面的问题（绘图：郑薇）

我们出海做观测时，在同一地点于不同时间会“观看”到不同的现象。当然，针对“中山北路校门—外滩”的事例，还可以采用另外一种记录的方式。比如，在连接两者之间所有可能的道路上都安插一些次级的“中转站”。在某一时刻 t_x（$t_1<t_x<t_2$），通过计数来甄别经过那里的华东师范大学的师生。由此，我相信在各个次级的中转站看到的结果是不同的。这相当于我们在出海观测时，于同一个时间、不同的测站对采集的样本进行分析。接下来，我们不妨将上面这个例子想得更为复杂一点：假如这 1 000 名师

生分别从华东师范大学 4 个不同的校门、不同时但却是在某一个时间段中出来前往不同的地方，他们被要求在途中都必须经过外滩并向设立在那里的中转站报到。这时，如果设立在外滩的中转站的接待人员不是时时刻刻地把守在那里，而是阶段性的出现，于是他将无法仅仅依靠在中转站出现的时间来判断这 1 000 名师生究竟何时、从哪一个校门，以及是采用了何种交通工具和路线前往外滩的。这种情况就如同在海洋科学中，我们在某一个特定的时间、特定的地点完成了某一次具体的观测任务一样。

但是，在此需要明确的是，海洋中实际发生的事情比我们在外滩的中转站对华东师范大学的师生进行统计要复杂得多。在本例中，假如想要进一步了解到达外滩的师生中，有谁选择了哪一条道路 / 途径和利用了何种的交通工具，还需采用别种方法和技术。若还以前面讲到的华东师范大学的中北校区与黄浦江边的外滩之间的连接为例，读者可以设想并考虑对某一些选定的师生所经过的路线在沿途进行标记，或者对其中一名或者几名师生进行跟踪，这分别对应于海洋科学中不同的研究思路。或者，你也可以准确地量度该师 / 生从校门出发和到达外滩的时间，然后根据路线与交通工具之间的不同匹配情况利用统计学的方法“推算”出他（她）所选择的路线和搭乘的交通工具，这相当于在化学海洋学中利用放射性同位素的分析技术进行测龄与示踪。在结束讨论之前，我想到应该提醒各位注意的是，上述所有的“情景”分析都是基于“正常”或者说“理想”

的状态。在海洋乃至现实生活中，都存在着“突发”或者事先不曾预料的事件，譬如前面讲过的台风。真实的情况恰恰是：对于这种突发性的事件在过境期间发生的情况，海洋科学的观测数据却又很少。

故此，设计一些主动观测的实验，用以甄别和联系起因与结果之间的路径对于我们理解在海洋中发生的事情就变得很重要，也必不可少。通常，设计主动实验是希望在一些特定的条件下再现此前于海洋中观测到的现象，以期对现象背后的机制和变化的速率予以描述。文献中报道的主动观测的实验类型包括：各种样式的实验室或甲板上的加富培养的实验（例如：在实验的水体中加入有利于某种微生物 / 浮游植物生长与繁殖所必须的营养物质，使这类生物群体的增殖速率比其他的微生物种群更快一些），在近岸水体中 10～100 平方米尺度的受控围隔实验（例如：20 世纪 70 年代在海洋生态学研究中创造出那种用一个巨大的塑料套带在浅海里围隔出一个从海面到海底的受控水柱，可以在其中进行持续的、包括观察生物和环境因素变化在内的实验），以及在开阔海洋上更大范围（例如：10～100 平方千米）的海上施肥（譬如：撒铁）实验等。在开阔的海洋中，由于缺乏外部（例如：来自于大气的干、湿沉降）的营养盐供给，真光层中的浮游植物在进行光合作用时，仰仗于通过深层水体的上涌或者垂向上的混合过程提供的营养盐。当然，水体中的一些微型生物还可以通过固氮作用，来提供其生长所需要的无机氮。但是，类似这样的生存策略对于其他的营养盐（例如：磷和硅）来说，并不奏效。在随“金星”号出海观测中，一个有机地球化学的课题组的同事们进行了不同水体的混合培养实验。他们将营养盐含量相对比较高的深层水（例如：400 米深度）与叶绿素含量出现峰值的浅层样本按照不同的比例混合在一起，然后在正常的光照和海水温度下进行培养。通过测量培养的样本中溶解态与颗粒态有机物质的成分、营养盐、叶绿素、碳 / 氮同位素等，能够帮助我们认识从深层水补充的营养盐对真光层中初级生产过程的影响程度，以及在分子水平上对海水中有机物质成分的变化速率进行刻画。当然，也可以设计将叶绿素峰值的水体同真光层以下的深层水体进行混合后，在无光照的情况下进行“暗”培养，以期认识微生物对有机物质的异养降解过程所引起的海水中有机物质在分子水平上的变化。一般，依据认识的目的不同，主动实验之间的设计思路和技术流程也各异。通过类似这样的培养实验，可以帮助我们认识海水中有机物质成分在不同环境下转变的速率和产物，以便将实验数据用于检验数值模拟的结果和利用计算机语言对不同的化学反应进行描述和参数化。此外，实验的结果也会帮助筛选出一些化学物质作为“生物标志物”，以便日后利用对这些化学成分的检测数据反演历史上在海洋中发生的变化。

关于主动观测的实验设计，还可以根据不同的研究目的构思出很多。在此，我不妨就构思和设计主动观测的实验时，需要注意的问题提出几点建议或者说是忠告：

- 实验应该是对观测结果的补充，所以在设计实验时应该明确从对观测数据的分析中看到了什么样的问题，以及从哪一个角度检验自己的猜想，或者说假设；
- 实验应该是对现场观测的简化，所以需要明确在实验中对哪一些客观因素进行控制，由此便于寻找出在观测中看到的现象与外部驱动作用之间的因果关系；
- 实验不仅仅是用于验证根据观测数据得到的猜想正确与否，更进一步其结果应该是可以定量化的，需要从对实验数据的分析和解译中获得关于变化速率的信息；
- 在设计的实验中，要考虑到从研究中获取的数据应该可以校验数值模式输出的结果（即：定量化），取得的实验结果经过数学处理后可以用于模拟生物地球化学过程的参数化。

在 20 世纪的 80 年代，学术界注意到以往我们在进行生物培养实验中利用的无机盐试剂里面夹带着微量的痕量元素杂质，在现场培养实验中的材料（例如：各种玻璃材质的培养容器）和采用的清洗方式（例如：利用重铬酸钾配制的洗液）都存在着痕量元素的沾污问题。在将这些因素考虑进去并进行了相应的技术改进之后，人们发现，浮游植物在海洋中的光合作用以及其本身的生长除了需要常规意义上的营养盐（注：含有氮、磷、硅元素）之外，还仰仗于溶解态的痕量元素的供给。在海洋中，

小贴士

4.4 生物标志物

是指一些具有特定成因、结构和组成的化学物质，与生命过程有关。在海洋地质领域里的沉积物埋藏与早期成岩过程中，这些化学物质的成分或者结构不易发生改变。通过对这些化学成分的测量与结构分析可以提取关于诸如物质的来源、后期经历的变化等方面的丰富信息。

例如，沉积物和水体中的一些多环芳烃类的化合物来自于高温下的燃烧过程。在烷烃类化合物中，具有长链结构（注：碳数≥27）的物质通常来自于陆源的高等植物，那些短链结构的物质来自于水生植物或者说是海洋环境本身。

已知的生命过程中需要多达三十几种不同的溶解态痕量元素的参与，譬如镉（Cd）、钴（Co）、铜（Cu）、铁（Fe）、锰（Mn）、镍（Ni）和锌（Zn）等，它们在不同程度上调整和控制着合成与分解代谢的机制，包括其中的各种酶反应。根据这些新的实验结果，并在仔细评估痕量元素在海水中与有机碳、营养盐之间的计量关系之后，学术界认识到在世界海洋表层面积大约 40% 的范围，浮游生物的光合作用受到溶解态的痕量元素（譬如：铁）的限制，这些区域集中分布在围绕南极的水体、赤道附近地区，以及在中-高纬度远离受到来自陆源物质（例如：河流与大气）影响的海域。此外，在对来自格陵兰、南极等地的钻孔冰芯 / 岩芯的测量结果进行分析后，人们发现在地球历史上比较寒冷的时期（即：冰期），冰芯中记录的二氧化碳含量比较低，大气中的颗粒物（即：气溶胶）的数量和里面的痕量元素（即：铁等）的含量都比较高。相反，在地球历史上比较温暖的时期（例如：间冰期），冰芯中记录的气溶胶数量和痕量元素的含量比较低，二氧化碳等温室气体的含量增加。综合上述因素，科学家们推断，在开阔海洋的表层水中如果能够增加像铁这样的痕量元素的含量，那么初级生产力应该会出现大幅度地增加。由此，海洋通过光合作用将会更为有效地吸收大气中的二氧化碳，减少自二百多年前的欧洲工业化革命以来人为排放的温室气体对环境与气候的影响，亦即减缓地表温度的增加及其带来的负面后果（譬如：海洋的酸化和海平面的上升）。更有科学家发出豪言，“倘若给我一船的铁，我将再造一个冰期”。

自 20 世纪 90 年代初期开始，海洋科学家们分别在赤道东太平洋、北太平洋、北大西洋、围绕南极的地区等具有营养盐含量比较高（例如：含氮无机盐），但是浮游植物的生物量和生产力比较低的特点的海域进行了 10～100 千米的空间尺度，为期 10～30 天的时间范围内的十多次“加铁实验”，或称“海上施肥”。在大多数情况下，随着向表层的海水中添加一定量的溶解态二价铁（Fe^{2+}），浮游植物的生物量在一周到十天的范围内出现“显著增加”的特点，海水中二氧化碳的分压也出现了明显地下降。在一些“海上施肥”的实验中，利用卫星遥感的技术还可以观察到浮游植物迅速生长时形成的色素斑块，范围在 1 千米 × 1 千米以上。社会上的舆论界也为这种“加铁实验”的结果做出了许多现在看来夸大其词或者说不切实际的宣传，并影响到政府和决策部门。更有私人企业公开地对外宣称，已经能够在一些选定的区域通过“加铁实验”显著地增加海洋对大气中二氧化碳的吸收，可以利用商业化的运作模式帮助那些感兴趣的国家减少二氧化碳与其他温室气体排放的额度或者数量。因此，通过在公海上实施这种被称为“地质工程”（Geological Engineering）的技术，有些人的腰包里也将可以获得丰厚的利润回报。

然而，当仔细地回顾和客观地审视上述那些“海上施肥”的研究成果时，学术界发现，这种类型的实验对海洋初级生产力的影响效果并非完全如同当初人们所期望的那样显著，也不像舆论界所大肆宣传的那般“光彩照人”和“前景广阔”。首先，在现场的实验中添加的溶解态的铁被浮游生物所利用的效率很低。虽然，溶解态的铁是以易溶的二价形式添加的，但是在表层的海水里很快就被氧化成难溶的三价（譬如：Fe_2O_3），结果是大部分添加的铁尚未被浮游生物所利用就形成了三价态的胶体物质从水体中快速地絮凝和沉降了。在一些实验中，当铁被添加到海水中时，导致了浮游生物群落组成的变化，那些原来并非占优势的生物的数量显著地增加，并且通过食性关系影响到整个的食物网。由此产生的后果目前在学术界尚没有达成共识，当然也并未进行全面和客观地分析。人们也注意到，“海上施肥”会对浮游植物、浮游动物和微生物等不同的功能类群产生不同的影响。在一些实验中，分解者和初级消费者会抑制浮游植物的生长，导致结果与预期的大相径庭。需要注意到，加铁实验是在海洋的表层实施的，产生的颗粒态有机物质在被摄食者利用，或者在数千米的水柱中沉降并最终到达海底的过程中会经历什么样的变化，或者说对环境和整个生态系统的影响是什么，目前尚无法评估。在近期的研究中，人们还注意到，仅仅通过添加溶解态的铁，似乎并不能解决初级生产力比较低的问题；浮游植物的生长和酶参与的代谢活动也需要其他的痕量元素参与。譬如，微生物固氮时不仅需要铁，还需要一定比例的钼（Mo）；在含磷的化合物利用和形成 DNA 结构的酶反应中，需要锌和镉的参与，等等。

如此一来，更为谨慎与客观的判断应该是：仅仅依据在有限的时间、有限的地点进行的加铁实验结果，就推广到认识痕量元素在海洋中的行为和归宿，乃至回答诸如与全球气候变化等有关的问题是具有很大的风险的。就认识海洋的角度来说，我们的知识和技术储备在目前还十分不够。

此外，大规模的“海上施肥”的实验活动也与国际上的一些具有法律效应的文件相抵触。例如，“海上施肥”相当于有目的地向海洋中“倾倒化学与污染物质”，这与致力于保护海洋环境的《伦敦公约》(即：1972 年《防止倾倒废弃物及其他物质污染海洋的公约》)，以及联合国的一些其他具有法律约束意义的条文［譬如：1982 年《联合国海洋法公约》(*United Nations Convention on the Law of the Sea*)］中宣称的理念相悖。

西太平洋上的日出和朝霞

Chapter 5

第五章

陆地与海洋的连接，气候发生变化了吗？

海底沉积物记录了在过去的历史中我们这个星球上所发生的各种事件，在不同程度上提供了帮助我们认识诸如像气候的变化、生命的演变等方面的重要线索。而且，对于今后环境变化的预测能力也基于我们对地球历史的理解程度。

05

按照作业程序，当生物拖网作业结束后，海洋地质和沉积动力学家们就开始在后甲板上忙碌起来。他们的计划是在赤道附近和孟加拉湾采集一些沉积物的柱状样，以便认识过去的气候变化在这里留下的记录。采集海底的沉积物需要利用很多种不同的器材和重型的装备，像用于采集表层沉积物的 Van-Veen 采样器，它有些像在河道和港口附近疏浚作业船上那些个头很大的“抓斗”。作业中，也需要利用箱式或多管采样器这样的设备，以便可以采集到 50～100 厘米长的沉积物样本，并适合用于针对以泥质成分为主的海底沉积环境的研究之需。若要收集时间久远一些的沉积物，则需要利用重力或震动活塞式采样管，可以采集到 5～10 米或更长的沉积物柱芯。在这个领域的世界纪录恐怕是在多年以前由一艘法国的海洋科考船所采集的 50 多米长的沉积物柱芯。若要自海底采集更为古老的沉积物和岩石样本，则需要动用专门的海洋钻探船。在世界上的不同地区，沉积物在海底的堆积速率具有很大的差别。在毗邻河口与近岸的海域，那里的沉积速率（Sedimentation Rate）一般比较高，可达 1 厘米 / 年以上。而在开阔的深海，沉积速率一般都非常低，处在每一千年才几个毫米的量级。

这次，海洋地质学家们携带了 Van-Veen、箱式与多管采样器和重力活塞式的取样管。首先，他们在每一个测站会用 Van-Veen 采集一些海底的表层样本，以帮助判断那里的沉积物的类型。接下来，会从甲板上释放重力活塞式采样器，去采集沉积物的柱状样。“金星”号海洋科考船的后甲板宽度大约是 13 米，那个重力活塞式采样器的尾部组装了大约 10 米长的不锈钢采样管，里面是 PVC 塑料的衬筒（图 5.1）。操作时，也需要利用船上的吊机和侧舷的绞车协同作业，才能够将那个采样器整个吊立起来，并在右舷外侧竖直入水。在利用重力采样管或者震动活塞取样器作业的过程中，常常会引起海底表层的沉积物发生扰动，或者是“丢失”一些近表层的沉积物样本。所以，在采集沉积物柱状样的测站，海洋地质学家也会利用多管采样器收集近乎不受扰动的表层沉积物样本（注：长度为 50～100 厘米）。在多管采样器的下端，会装有 4～6 个可拆卸的有机玻璃管，以便观察里面沉积物-水的界面位置，以及收集接近沉积物的底边界层附近的水样（图 5.2）。常常，多管采样器被拖上甲板后，里面沉积物和底层水的界面清晰可见，提示我们在采样的过程中，多管采样器对海底沉积物的扰动和表面形态的破坏都比较小。

图 5.1　用于采集沉积物柱状样本的重力采样管（a）；在印度洋东部、东经 90 度海岭的顶部附近采集的表层沉积物（b）

图 5.2　沉积物多管采样器，下部的中间可以装 6 只透明有机玻璃材料的采样管（尚未装上去），摄于“实验 3”号海洋科考船。在使用时，采样器通过甲板上的钢缆释放后，图中的 6 个支撑圆盘固定在海底表面，然后配重的铅块将那 6 只有机玻璃的采样管通过静力顶插入沉积物中。待操纵绞车利用钢缆将沉积物多管采样器从海底提起时，中心支架上的闭锁装置会依靠弹簧的机械拉力将有机玻璃管的上、下端同时闭合，于是管内的沉积物连同上覆的底层水一道会在几乎不受扰动的情况下被拖上甲板

当“金星”号海洋科考船在 90 度海岭的附近进行沉积物采样作业时，我与几个同事恰好刚做完实验，正在餐厅里面吃饭。有人进来告诉我说，地质学家刚刚在海岭的顶部采集了一个长度为 8 米的沉积物柱芯。稍后，我在后甲板看到在一个塑料盆中装了一些从重力采样管顶部流洒出来的沉积物与海水的混合物。当将那些沉积物 - 海水的混合物放在掌中用手指捻搓时，感觉到中间有大小不同的颗粒物（图 5.3）。从重力采样管里面

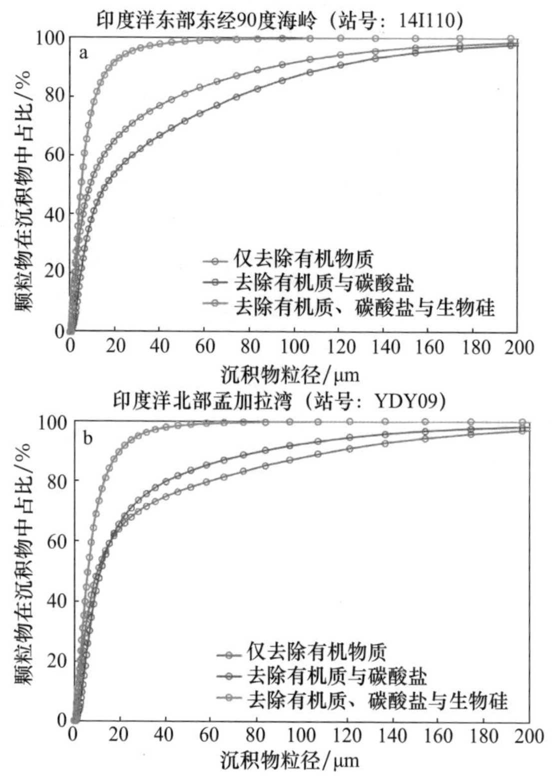

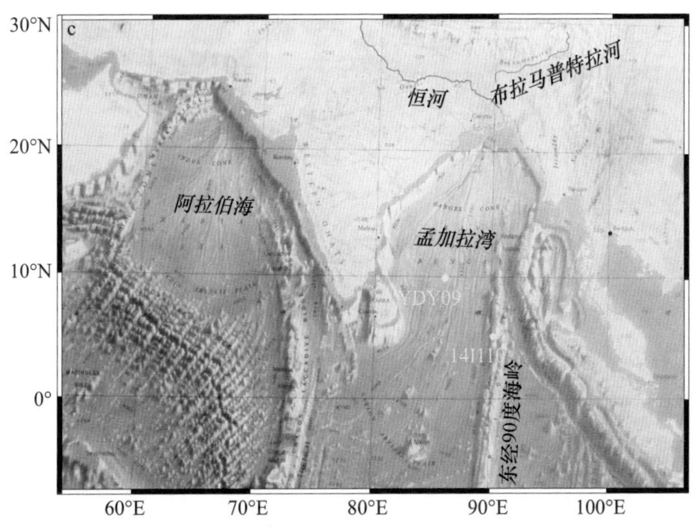

图 5.3　采集自印度洋东部东经 90 度海岭的顶部（a）和孟加拉湾海底冲积扇外部区域（b）的沉积物的粒度组成的分析结果对比。绘图的资料来自于中国科学院南海海洋研究所向荣老师课题组未发表的数据。在图 a 和 b 中，横坐标表示的是沉积物中的粒径（单位：微米），纵坐标则表明小于对应粒径的颗粒物数量在整个沉积物样本中所占的比例（%）。这里，采自东经 90 度海岭的 14I110 站（水深：3 675 米）与孟加拉湾的 YDY09 站（水深：3 520 米）的水深比较相似（c）。在粒度分析中，采用了 3 种不同的方式处理沉积物的样本，即（1）利用偏磷酸钠和过氧化氢去除有机物质和分散沉积物（蓝色），（2）在（1）的基础上利用稀盐酸去除碳酸盐（橙色），以及（3）在（2）的基础上利用碳酸钠溶液去除生物硅（绿色）。若对比这两个地区的海底表层沉积物的粒度组成，会注意到在采集于海岭顶部的样本中，生物硅与碳酸盐的含量相对更多一些（注：对应于一定百分比例的沉积物数量的粒径相对更“粗”一些）。然而，当去除碳酸盐和生物硅的影响之后，两个样本的粒度变化曲线趋于相似。这表明在孟加拉湾中的北纬 10 度附近，平时接收到大规模的陆源沉积物的机会也是比较少的。在图 c 中显示孟加拉湾和阿拉伯海两处的海底峡谷分布的格局，以及文中谈及的两个柱状样本的采集位置。海底地貌出自由 Heezen B. C. 和 Tharp M. 主编、美国海军在 1977 年出版的世界海底地形图

“推”出来的沉积物是浅灰和灰中带黄的颜色，比较黏但没有什么气味。后来，一位研究生将塑料盆中的沉积物分别用海水和淡水淘洗后放到显微镜下进行观察，发现那些在手掌中捻搓时感觉到的颗粒物大都是以碳酸钙成分为主的有孔虫壳体残骸，其中一些个体的形态还比较完整。另外，还有一些是二氧化硅成分的放射虫的壳体。我去请教在船上的那位海洋地质学的责任教授，为什么在这里采集到的沉积物会以有孔虫和放射虫壳体这样的生物碎屑为主？教授回答说，在 90 度海岭的顶部，水深多是在 2 500～3 500 米范围，相对比较浅。这里的水深小于印度洋中的碳酸盐补偿深度（Carbonate Compensation Depth）和溶跃面（Lysocline）所对应的水深范围，所以像有孔虫这样的碳酸钙质壳体得以比较完整地保存下来。至于为什么看到的都是有孔虫和放射虫的空壳，系因为当这些生物死亡后在水体中沉降、以及随后进入海底并被埋藏的过程中，有机物质都被异养微生物进行了降解，转变成为溶解态的营养盐、痕量元素，以及气体状态的二氧化碳等等。这同我们在化学海洋学的教科书中学到的营养盐和一些生命必需的痕量元素在海洋剖面中的含量随着深度而增加的知识基本上是一致的。

大约是见到我的好奇与满脸狐疑的表情，那位海洋地质学的责任教授又补充到，通过对柱状样本中的沉积物进行多学科的研究，可以帮助我们从海洋中的沉积记录角度来反演历史上的气候变化特点。譬如，通过对一些有孔虫样本壳体中的氧、碳和钙的同位素成分进行分析，可以帮助我们认识过去海水的温度、盐度等方面的信息。利用沉积物中记录下来的不同种类生物的多样性，譬如颗石藻、硅藻、有孔虫、放射虫的丰度之间的比例关系等等，可以提供过去的古生产力和生态系统的群落结构等方面的信息。还有，在针对沉积物样本的一些常量或痕量化学成分的测量基础上，应该可以帮助理解在历史的长河中，海水的酸度（注：以 pH 为标记）、海平面的高度，以及环流结构的变化，云云。

小贴士

5.1　碳酸盐的补偿深度与溶跃面

在海洋中，碳酸盐矿物的溶解度随着海水深度的增加而发生变化。地质学家们注意到，在水深超过一定程度的海底，沉积物中的碳酸盐矿物的含量将低于 5%，与之对应的海水深度被定义为碳酸盐的补偿深度。此外，在一定程度的水深以下，碳酸盐（注：以碳酸钙为主）的溶解度将迅速地增加，对应的水深被称作碳酸盐的溶跃面。

在世界的不同海盆中，碳酸盐的补偿深度和溶跃面所处的深度是不同的。碳酸钙有两种不同的晶格结构，分别是方解石和文石。其中具有文石结构的碳酸钙在海洋中对应的补偿深度和溶跃面相对于方解石晶格的矿物都比较浅一些。

我回想起刚从广州出发不久，在靠近珠江口外侧南海陆架上的一个测站，有人利用 50 厘米 ×50 厘米开口的箱式采样器从 50 米深的海底采集上来几乎满满一箱的泥质和粉砂质泥的灰褐色沉积物（注：几乎有 60 厘米的厚度），却仅仅将上面 10 厘米的那一层整个取出，放到一个不锈钢的筛网箱中，然后用甲板上管路中的海水对沉积物进行冲洗，弄得几乎满甲板都是泥汤，不知何故？那位海洋地质学的教授嘴里含着烟斗却笑而不答。我心想，一定是自己提出的问题挺“蠢”的或者是无知。此时，从实验室廊道里面走过来一位做生物学研究的女教师，听了我们之间的谈话后回答道，那是在做关于底栖生物学方面的研究。通过将沉积物冲洗干净之后，利用不同孔径的筛网分选，能够区分出小型、中型和大型底栖生物的种类组成、丰度和生物量。再结合沉积物的类型、有机物质的含量、上覆海水与孔隙水的性质（例如：温度、盐度和 pH 等），以及流场的信息，科学家将能够对底栖生态系统的结构和功能、生产力等进行评估，并且与环境变化带来的影响结合起来。

在观测途中，“金星”号海洋科考船在科伦坡港停泊和补给了三天。然后，出发向东，绕过斯里兰卡岛后进入了位于北面的孟加拉湾。在北纬 10 度，水深 3 500 米以上的地方，海洋地质学家们又采集到了一个接近 5 米长的柱状样。当我们在显微镜下检查从重力采样管顶部流出来的沉积物颗粒时，注意到里面有许多粒色彩鲜艳的云母碎片！我毕业已多年，在大学里面学过的专业知识大都已经“丢”光了。但是尚存的一点知识“老底”提醒我，沉积物中的这些颗粒细小的云母碎片应该是同来自陆地的某些种类岩石的风化产物有关。我跑去请教那位在船上的海洋地质学教授，他说我在显微镜下面看到的云母碎片应该是与来自附近河流携带的陆源物质有关，而同来自海洋真光层中以富含碳酸钙和有机物质为特点的沉积物是不同的。举目环顾四周，能够携带大量来自陆地的沉积物进入孟加拉湾的淡水资源恐怕当数位于北面的恒河与布拉马普特拉河。后来，我去查看美国海军基于20世纪40年代第二次世界大战期间的调查资料编汇的一张海底地形图，那上面清楚地标注着恒河与布拉马普特拉河三角洲从北面的孟加拉国的海岸起向南发育了很壮观的且呈鸟爪状分叉的海底峡谷体系，从北回归线附近一直延伸到赤道附近，绵延了上千千米（图5.3）。海洋地质学家们猜测，上述这个柱状沉积物的样本系采集自与河口的水下三角洲相连通的海底峡谷中的某个位置，利用放射性同位素（Radio Isotope）测年的技术，我们可以获得关于这里的沉积速率信息。依据我们现有的知识框架，在沉积物中保存下来的云母碎片可能反映了历史上与气候变化相关的一些大的“洪水事件”，因为只有在这种情况下，陆源的沉积物更有可能通过海底的峡谷被输送到赤道附近。在“洪水”事件中，异常高的含沙量会导致下泻河水的密度增加、甚至会大于海水。加之附近的陆架比较狭窄，水下地形的坡度也比较大，两者共同发挥作用的结果是会导致形成穿越河口三角洲的水下“异重流”（简言之，系一种当高含沙水流进入清水后，由于密度差而潜入深层并靠近在海床底部运动的现象）。后者在运动过程中“切割”前期的海底沉积物并造就了通向开阔海盆的水下峡谷。另外一种可能的机制是，堆积在河口三角洲前缘的沉积物在达到一定的临界厚度时，会在外界因素的诱导下（例如：地震或台风 / 风暴潮）失去稳定性，形成水下的垮塌和浊流，并一路“切割”海底的表面、留下后面的峡谷。这些沉积物最终会在陆坡外缘的深海盆地中堆积下来，构成地貌学上所谓的“海底冲积扇”。

如果我们的猜测是对的，这个采集于孟加拉湾中部水深 3 000～4 000 米处的沉积物柱状样中记录的历史信息就有可能会同喜马拉雅山的隆起、气候的变化（譬如：冰期与间冰期之间的转换）联系起来。听到这里，我想起恰好我所在的实验室今年有一个来自于孟加拉国的留学生，我们可以建议在他的博士论文中尝试将针对恒河 / 布拉马普特拉河流域的研究工作与孟加拉湾中

小贴士

5.2 河口三角洲

河口三角洲系指在河流入海口处，由于潮汐、淡水径流等因素作用下形成的冲积平原，其形态在空间上具有大致三角的形状。“三角洲”一词出自于古希腊语，但在广义上，它不仅仅限于河口；当河流汇入诸如湖泊或者水库时，也可形成三角洲。

在河流的入海处，随着淡水挟带来的泥沙在此处被卸载和堆积，形成了三角洲的地貌单元，它也是世界上陆－海相互作用的关键地带。河口三角洲是沉积作用非常活跃的地方，但是导致其发育和维系的因素在世界上不同的地区之间具有明显的差别。河口三角洲在社会和经济的历史演化中具有重要的地位，许多古老的文明就发育于其上。在中国，于现代的黄河口三角洲上找到了著名的胜利油田，长江口三角洲上发育了上海，广州也坐落在珠江口三角洲地区。

的沉积记录结合在一起。

那么，我们如何知晓从海底采集上来的沉积物是在什么时间到达那里的呢，我追问道。教授解释说，关于海底沉积物的年龄的测量可以采取同位素地层学的方法，例如通过分析沉积物中有孔虫壳体的稳定氧同位素成分或者不同化学元素之间的比例关系（例如：Mg/Ca）；也可以考虑利用放射性同位素衰变的机理，测量沉积物样本中的某一些同位素的衰变速率来解决与时间有关的问题。不同的放射性核素具有不同的衰变速率，其中包括半衰期比较短的核素像铅-210（半衰期：22.5 年）、铯-137（半衰期：35 年），半衰期比较长一些的像碳-14（半衰期：5 730 年），以及衰变更为缓慢的铀、钍的同位素等。一般，用于年龄测量的时间范围不超过所选择的放射性核素的半衰期的 5 倍（图 5.4）。譬如，利用测量铅-210 我们可以在百年的尺度内计算沉积物的堆积速率。现在利用同位素加速器质谱分析的技术可以将碳-14 的年龄测量范围拓宽到 4 万～5 万年。这些放射性核素进入海洋的途径不同，参与的化学或生物学的过程不同。因而，对放射性同位素的测量不仅可以提供关于时间的信息、帮助确定物质的来源，还可以用于认识这些核素参与的化学与生物学的途径。还有，教授又补充道，地球上大规模的火山喷发后，落入海里面的火山碎屑也提供了一种确定沉积物年龄的依据。在火山大规模活动时，喷出的颗粒细小的火山灰物质可以进入平流层，并在大气层中滞留 1～3 年，随后在地球

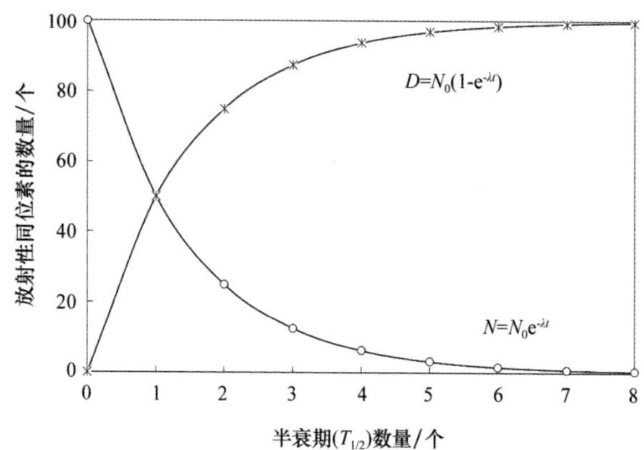

图 5.4　放射性同位素的数量随着半衰期（$T_{1/2}$）呈指数变化的特点。在图中，假定原始的母体是放射性的且数量（N）在初始时（t=0）是 100（N_0），子体是稳定的核素并且数量(D)在初始时为 0。当时间经过 5 个半衰期的间隔之后，母体（N）的数量仅剩原来的 3.125%，此时子体的数量增加为 96.875%

表面大范围的沉降，几乎在不同的洋盆的沉积物中都会同时出现火山灰的踪迹。此时，若能够知晓火山喷发的时间，那么在沉积物中的年龄也就能够相应地确定下来。或者，利用对火山灰中所含的放射性同位素（例如：氩的同位素比 $^{40}Ar/^{39}Ar$）本身的测量也可以估计其喷发的时间。而且，不同类型的火山喷发活动其物质的成分也有差别，还可以通过对海底沉积物中火山灰的成分进行分析，帮助认识其来源。

后来，船上的那位海洋地质学教授还介绍给我一份利用海底沉积物中的孢粉（Pollen）与孢子（Spore）的组成来甄别不同物质来源的工作。孢粉与孢子是植物在开花和授粉期间散发出并进入大气中的微小的生殖细胞，其中有些就像春天在空气中漂浮的柳絮。记得我在小的时候对一些花粉过敏，每到春天就会感觉到不舒服，殊不知这花粉还可以用来指示和表征海底沉积物的不同来源。不同类型的植物，其孢粉或孢子在成分、形态等方面都有差别。由于颗粒细小，孢粉与孢子随着大气的运动，可以被长距离地输运至开阔海洋的上空，并在随后的沉降过程中被海盆中的环流携带到不同的地方。因而，通过研究海底沉积物中孢粉和孢子的组成与分布格局，可以提供关于气候（例如：干燥与湿润）、物质来源（例如：大气与河流）、风场、海洋的环流等方面的信息。

小贴士

5.3 放射性同位素测年

在自然界，一些化学元素的同位素具有自发地从原子核中释放出像 α、β 这样的带电荷的粒子，或者从原子核外“捕获”电子的特点，从而衰变成其他的元素。

根据现有的知识，放射性衰变不因元素的化学性质，诸如价态和存在的形式等而发生改变，且具有特征的半衰期，亦即一定量的放射性核素通过衰变减少为原始数量的一半所需要的时间。此外，还有一些通过人工核试验产生的放射性同位素，它们进入海洋环境中的时间和数量是可以根据核反应的类型、地点等推算出来的。

例如对于沉积物测年而言，假定放射性核素到达海底之前的原始数量或含量已知，通过测量其在沉积物样本中的现存量，就有可能推算该放射性核素自埋藏以后至今所经历的时间，亦即“年龄”。

在印度洋的东部由赤道附近向北到孟加拉湾的内部，从海底的表层沉积物（0～2 厘米）中检测出了不同类型的孢子与孢粉，共计 65～70 种[⑦]。根据其组成的特点，可大致地区分为草本、树木的孢粉和蕨类的孢子等。在上述区域，海底沉积物中的孢粉在北纬 5 度以北和东经 90 度以西的观测站位数量相对地比较高。在地图上，印度洋东部赤道以北的海域，其东面是印度尼西亚和马来半岛的热带雨林分布区，北面是受到季风影响的中南半岛上的山地森林，西边是喜马拉雅山南麓的印度、斯里兰卡的草地、灌木 / 常绿乔木和低海拔林地。所以，在海底沉积物中保留的陆地植物的花粉和孢子应该是同来自上述地区的大气传输与海洋环流的运载有关。中间，接近南北走向的 90 度海岭比两侧的深海平原高出 2 000 米左右，又将花粉在沉积物中的分布格局划分出东、西两个不同的类型，并使得在海岭西侧的沉积物中花粉的丰度较东面更高一些。显然，南北走向的 90 度海岭不仅仅影响了深层海水的运动格局，也将东印度洋的海底沉积物类型自然地划分出了两个不同的亚区。进一步，在东印度洋的赤道以北，沉积物中的草本植物的花粉主要是来自于西边的印度和斯里兰卡，而木本植物的花粉显示其来源同东部的苏门答腊和马来半岛有关。

Luo 与其同事（2018）[⑦]还在印度洋 90 度海岭的北端采集了一个长度为 2.4 米的沉积物柱状样，根据对放射性碳-14 的

⑦ Luo C., Chen C., Xiang R., et al. (2018) Study of modern pollen distribution in the northeastern Indian Ocean and their application to paleoenvironment reconstruction. Review of Palaeobotany and Palynology, 256: 50–62.

测量数据进行分析，可证明其保存了这个地区在过去 43.5 千年（注：在古气候、环境和古海洋学研究中，常以“千年”为计量单位）的沉积记录，对应的沉积速率是 3.8 厘米 / 千年到 7.1 厘米 / 千年。在柱状样的下部，沉积物中的孢粉记录以蕨类的孢子和树木的花粉为主，自过去的 16 千年以来，孢粉化石中的草本植物和藻类的记录所占比例明显地增加了，表明近期的气候（譬如：季风）发生了改变并引起陆地上的植被类型、风场产生了相应的转变。或者，在海盆的尺度上，环流结构在现今与过去之间具有明显的不同。当然也有可能，在距今 16 千年前后，季风与环流两者都发生了明显的转变，因为在历史上大气与上层海洋的变化之间常常具有紧密的联系。特别地，在距今 11 千年前附近，海底沉积物中保存的淡水藻类化石的丰度明显地增多了，表明在那段时间陆地径流（譬如：河流）对海洋中的沉积过程的贡献变得更为重要。期间，异常丰沛的淡水通过恒河与布拉马普特拉河下泻进入到印度洋的北部并携带大量的来自风化作用的陆源碎屑物质,亦即在前面讲过的大的“洪水”事件。

在过去的 20 多年中，我所参与的研究课题大都集中在河口、近岸与陆架地区，其中也包括三角洲。但是，在这里所说的水下三角洲与冲刷峡谷同我在以前碰到过的情形存在很大的不同。中国的一些比较大的入海河流体系都发育有河口三角洲。但是，我接触“河口三角洲”一词的时间则相对更早一些。在大学读书期间，我的家境不算富裕，基本上都靠着国家的助学金和奖学金度过了那 3～4 年的宝贵时光。因为在假期中没有多少钱可以回家，就躲到图书馆去读书。在那里找到一本美国的海洋地质学家谢帕德（Francis Parker Shepard）写的《海底地质学》，书中介绍了河口三角洲的发育机制和分类。现在的黄河口位于半封闭的渤海，由于比较弱的潮汐作用与历史上河流的多沙特点，发育了呈扇形的三角洲；长江口的潮汐作用比较强，近期的三角洲上出现了四个重要的潮汐交换与淡水下泻的通道，并向外与宽阔的东海陆架之间连通。珠江的三个主要支流包括东江、北江、西江，它们号称从八个口门下泻进入南海，其中在伶仃洋中有四个。但是，这些发育在陆上的河口三角洲大都在近期受到了人类活动的改造，其中有些已经是“面目全非”。譬如，黄河口在历史上曾经是比较典型的鸟爪或树枝分叉型的河口三角洲，由于石油开采的需要，在过去的几十年中多次被人工改道，现在已成为独流入海的局面。在长江口，超过一千平方千米的面积是在 1949 年以后人工围垦出来的，整个上海市就建在河口三角洲之上。为了维持航道的稳定，国家近期又在河口地区修建了几十千米长的导堤。在 20 世纪的 90 年代中、后期，我曾经参加过一个关于珠江口的研究项目并利用当地的渔船进行观测。夜里泊宿在伶仃洋的西侧时，我注意到那里依旧是比较孤寂的潮滩、人烟稀疏。最近，我在随“金星”号出海观测时又多次在伶仃洋出入。令我感到惊奇的是，在 20 年之后伶仃洋西侧那些原来发育了大片淤泥质潮滩的地方如今已是吊车和厂房鳞次栉比、各种船只进出繁忙的港口和码头了。在此还需要提醒的是，由于中国大陆所在的特殊地理位置，发育在那里的大的河流，一般都是注入到宽阔的陆架上，远离深海的开阔盆地，也没有机会形成重要的海底峡谷。

5.4 风化作用

在地表的环境下，岩石和矿物在太阳辐射、气温、降水、风等外部因素的作用下发生破碎、溶解和参与到化学反应的过程之中，均应归于风化作用。

风化作用包括物理、化学和生物等方面的机制。在物理作用下，岩石通常会发生破碎，无机盐类的矿物会被溶解。风化作用涉及的化学变化是导致一种矿物转变成为其他的物质，若产物中也包括固体，则后者被称为“次生矿物”。陆地的植物在生长过程中也会改变局部的环境，使得周围岩石和矿物的成分发生改变。

此前，在我参加的关于近海与河口三角洲的研究项目中，也曾在不同地点、利用不同类型的设备采集过沉积物的样本。其中，我记得第一次是在黄河口三角洲外边的莱州湾中采集了沉积物柱状样。当时，前辈们只能够利用渔船进行观测作业，采样的设备也很简陋，取上来的柱状样也就几十厘米到 1 米多长。莱州湾中的沉积物多以砂（注：粒径大于 63 微米）和粉砂质（注：粒径范围是 4～63 微米）的成分为主。将采集的沉积物放在显微镜下观察，里面的碎屑中有很多的石英和长石，还有一些密度比较大的“重矿物”，它们是陆地上岩石的风化作用的产物。而且，来自黄河的泥沙中，碳酸钙的含量也很高，可达 10%～20%。历史上，黄河的输沙量曾经很高，河口三角洲附近沉积的速率每一年就是几个厘米的量级。在这样高的沉积速率下，于理论上从柱状样中可以划分出不同年际之间的差别，甚至在一年之中的变化。但是，一根1米多长的柱状样所记录的沉积过程也就是几十年，限制了从更为长久的历史演化的角度认识流域中发生的变化。

后来，我们也在长江口和东海陆架采集过一些沉积物的柱状样。相对于黄河，长江携带入海的陆源沉积物的粒径要细一些,其中黏土粒级（注：粒径小于4微米）的细颗粒物质会更多。利用X射线衍射的测量技术可以对这些黏土粒级的沉积物进行分析，里面主要是伊利石、蒙脱石，还有少量的高岭石与绿泥石等。在来自河流的沉积物中都会有一些少量的云母碎屑，它们也是岩石风化的产物。在近海，比较重的矿物、粗颗粒的砂和粉砂颗粒会堆积在距河口比较近的地方，比较轻的矿物，像云母、以及颗粒更为细小的黏土矿物的沉降速率比较慢或者不易沉降，因而会随着海水的运动被搬运到距海岸比较远的地方。回到前面碰到过的、在显微镜下观察到来自孟加拉湾海底的沉积物柱状样中出现比较多的云母碎片的问题，应该就属于这样一种情况。

东海水深小于200米的区域非常宽阔，可达500～600千米，在世界上是属于非常宽阔的陆架之一。相对地，毗邻恒河与布拉马普特拉河口三角洲的孟加拉湾的陆架则普遍比较窄，在有些地方甚至几乎缺失。在东海陆架水深50～100米的范围，海底沉积物中砂的含量比较高，当使用Van-Veen这样的采泥器作业时，常常发现里面仅采集到了很少量的砂和一些贝壳的碎屑。有时，在将采样器拖上甲板后，就连这些少量的砂质沉积物往往也因其底端不够严实而被“漏”光了。在海底沉积物是以砂质为主的区域，利用箱式采样器作业的效果也不够理想。除了发生类似于上述Van-Veen的情况以外，也因当沉积物是以砂质的成分为主时，利用箱式采样器获取的沉积物数量常常也比较少。我还见到过，在这个地区，因为海底沉积物表面比较“硬”，利用多管采样器采不上来样本，甚至出现装在采样器上面的有机玻璃管发生碎裂的情形。当水深再增加，亦即靠近陆架的外缘区域，那里的海底沉积物又变成以粉砂和泥质的成分为主的沉积地貌单元，采样的效果会好很多。

5.5　陆架

陆架一般是指大陆在海面以下自然的延伸。在陆架上，海底的坡度很平缓，一般小于1/10度，直至其边缘的陆坡，那里的坡度陡然增加并连通到开阔的深海平原。

在世界上的不同地方，陆架的规模若以宽度计量具有很大的差别。有些地方陆架非常之宽，可达数百到上千千米，譬如北极地区。在世界上的另外一些地方，发育的陆架很窄，只有不到10千米，甚至缺失。

陆架的面积虽然只占整个海洋的10%或者更小一些，但是生产力却占到50%，渔获量占到90%。陆架对毗邻的海洋国家的经济、主权和社会的发展意义重大。

在海洋地质学领域中有一种学术观点，认为分布在东海陆架水深 50～100 米范围的这些比较粗颗粒的沉积物应该属于历史上残留的砂。在冰期的时候，河流带来的粗颗粒沉积物卸载并堆积在那里。在地质历史上，气候的演变特点可概括为冰期与间冰期这样大的事件。其中比较寒冷的阶段称之为“冰期”，彼时，海平面比较低。相反，比较暖和的阶段称为“间冰期”，海平面相对较高。在距今大约 1 万年之前的末次冰期时间，海平面比现在相对低 100～200 米。当时的河流，譬如长江，可以跨越现今陆架的边缘并直接进入西北太平洋，因而那些发育了砂质沉积物的海域应该曾经是古老的海岸，出露于水面以上或者是在潮间带。后来，当进入间冰期的阶段，随着海面的上升、海岸线也在不断地后退，这些砂质的沉积体就留在了现今水下 50～100 米的地方。在大比例尺的东海水下地形图上，如今还可以依稀地分辨出过去的古河道留下来的遗迹，但并不是前面提到过的出现在孟加拉湾海底的冲刷峡谷。

其实，在东海陆架上以砂质沉积物为主的海底区域，当年恐怕也并不是没有更为细小的颗粒物（譬如：粉砂与黏土）成分。只是自末次冰期之后，因为被海水不断地“淘洗”，那些细小的沉积物都被“丢失”了。或者，因为在现今的环流格局中，主导的流向是沿着水下的等深线、以准南北的方向为主。那些发育于中国大陆并汇入东海的河流大都是东西走向的。所以，河流携带的泥沙在入海后难以直接穿越宽广的陆架进入开阔的北太平洋，而是就近堆积在海岸附近的某个区域。

此处应该注意到，研究近海与开阔海洋，在观测设备和技术、研究思路等方面具有比较明显的差异。在开阔的海洋，海水的剖面结构相对比较稳定，特别是在真光层以下的中、深层水中，物理与化学的性质的变化比较小。发生在近海的变化过程则相对地比较快，存在着天、月、季节的周期。譬如，在受到河流羽状锋区影响的地方，位于某一个观测站点的盐度、温度等基本的要素时时刻刻都在发生着变化、转瞬即逝。有时在锋面的附近，从船的左舷和右舷同时采集上来的两个样本中的水文要素、悬浮颗粒物（注：主要是泥沙）的含量和浮游生物的组成都不相同。特别地，在近岸地区，河口羽状锋区的范围和锋面的边界是在不断变化的，悬浮颗粒物与浮游生物的分布也是“斑块”状的。在河口和毗邻的近海，由于潮汐的作用和淡水的下泻，样本的化学成分也是随时、随地都在变化着。因此，从观测的角度通常会采取在较大的范围同时或者在尽可能短的时间段中（注：近乎同步）完成对所有设计站点的测量，即所谓的大面观测，以期对研究区域海水的性质、成分和运动状态的空间格局取得认知。或者，将船舶锚系在某一个或几个重要的地点，在 24～26 小时或者更长的时间段（譬如：根据潮周期设计）持续地观测水文要素、化学成分与悬浮泥沙的含量随时间的变化，即连续站。还有，有时会根据研究的不同目的，在水中投放随波逐流的浮体，在追踪浮标的位置变化和运动轨迹的同时，对水文要素进行观测，并且采集化学、沉积动力学和生物学的样本，以期认识水团的运动与混合过程的速率、成分变化的情况等。

近海与开阔海洋在研究的理念和观测技术上的差别还体现在实验的方法学上。在近海采集的样本中，悬浮颗粒物（注：包括无机成分的矿物碎屑、有机和生物的成分）的含量比较高，需要进行过滤。而在开阔的海洋，水体清澈得很，有时为了减少分析的前处理过程对样本的沾污，用于测试的水样是不过滤的。此外，倘若是在河口的淡、海水混合区域，由于潮汐的作用水体的物理性质变化很快，一般在观测时需要在尽可能短的时间段中覆盖尽可能大的空间范围。这时候，对水文参数的测量精度的要求相应地不是很高。譬如，在淡水到正常海水的盐度范围（注：淡水的盐度一般为 0，正常海水的盐度在 30 以上），盐度测量的精度若在 0.01～0.10 范围，根据研究的目的不同，有时也是可以接受的。而且，近岸地区的水深一般都比较浅，若以 50～100 米计，做一次梅花式 CTD 的观测在 5～10 分钟内就可以完成，测站的数量也相应地比较密集。有时在某一个站的观测中出错了，可以再重新做一次。相对地，在开阔的海洋中，物理性质的水平和垂向的变化都比较弱，从表层到数千米深的海底，盐度的差别在很多地方也就是 0.1～1.0 或者更小。这时候，对测量数据的精度要求则提高了很多。现在用于开阔海洋观测的梅花式 CTD 对盐度和温度的测量精度要求都在 0.001～0.002 附近甚至更高。而且在开阔的海洋，水深动辄数千米，利用梅花式 CTD 作业一下一上经常都需要 4～5 个小时。由于路途遥远、船时所限和观测的空间范围比较大，除非出于特殊的目的，一般不会允许在同一个位置的测量反复地进行，也不允许出现“意外”。基于同样的理由，在开阔海洋的观测站位数量也相对地稀疏一些。毕竟，从位于陆地的码头 / 港口到观测区域之间的距离常常遥远，有时可达数千海里。这次“金星”号海洋科考船从位于北方的母港出发到赤道附近的热带印度洋实施观测的任务，单单路上的航行时间就不止一个礼拜。

休息的时候，我喜欢躺在床铺上倾听“金星”号的那两台主机工作时发出的有节奏的声响，那声音很是特别。这两台柴油机依旧是“金星”号当年下水时的原配产品，已经很老旧了。据轮机长讲，随着在 20 世纪 90 年代的后期东欧社会主义国家纷纷地解体，原来生产这两台柴油机的工厂已不复存在。现今，在中国已经找不到几台类似这种型号的大功率、低速柴油机了。“金星”号的两台主机现存的零部件，几乎都是来自于前不久国内的另外一艘姊妹船“退役”时替换下来的物品。

每当在测站的作业结束后，首席科学家或者在主控实验室的值班员就会通过内部电话告知驾驶室，通知开船。而后，“金星”号的两台主机就启动了。“金星”号海洋科考船先是在很慢的速度下，缓缓地航行大约 10～20 分钟。此时，躺在床上的我好像都能够在心中默数和重复出两台柴油机那“卡拉”、“卡拉”的转动节律。然后，似乎突然间柴油机的转速就增加了，船速也大大地加快。这似乎与我搭乘过的其他海洋科考船很是不同。

关于这件事情我曾问询过轮机长。他解释说，现在新的科考船大都采用四冲程、中或高转速的柴油机，而“金星”号依旧是当年出厂时配置的低转速、两冲程的柴油机，与许多的远洋货轮相似。打个比方说，就像我们驾驶汽车时的起步一样，机器需要一个预热和逐步加档的过程，因而进入正常的工作“状态”比较慢一些。但是，低转速的柴油机也有优点，例如功率比较大，同时燃烧重柴油、在经济上也比较节省等等。

然而，毕竟这两台“超期服役”的主机已经进入了“花甲”的年龄，时不时地会出一些“毛病”（图 5.5）。“金星”号海洋

图 5.5 “实验 3”号上轮机部门的工程师们在清理柴油主机气缸里面的积碳

科考船的机舱中还保留着 20 世纪 80 年代的设计格局，里面闷热却没有空调设备、机器运转的嘈杂声大到说话都听不清，得大声地叫喊。机舱的工作人员在值班和巡视时都戴着笨重的耳机。有一次，因为柴油机里面的积碳过多，“金星”号在作业过程中需要停机检修，于是我请轮机长带自己到机舱里面参观。当时，机器的余温依然挺高。我见到机工长等人将身体和头部用罩衣包裹起来，钻到尚有余热的柴油机缸体中清除积碳，出来时满脸的油污和汗渍。他们的身上那湿透了的衣衫沾满了黑色的积碳与焦油，几乎已经看不出衣服原来的颜色了。那一幕，至今回想起来仍然令我动情：海洋科学的观测数据来自多少人在幕后默默地奉献！

工程技术部门的工程师们在连夜检查和抢修出了故障的梅花式 CTD 的通信电缆

Chapter 6

第六章

跟随“金星”号去看世界

针对开阔海洋的观测活动也为我们开启了一个走出国门、认识世界的窗口。从这里可以体验到不同文化和社会制度的交融，从中学习和借鉴其他民族与国家的优秀东西。

06

三月初，“金星”号科考船在出了巽他海峡之后，先是在爪哇群岛和苏门答腊岛的西侧、南纬 10 度附近布放了这个航次的第一个潜标（图 6.1）。接下来，航向折向北面并且开始按照原计划沿着赤道向西做观测。然而，在两天后的早上，留在陆地上“家里”的同事通过卫星电话向我们通报：此前布放下去的那个潜标已经“浮”上了海面，并且发送的位置信息通过卫星转到了地面的接收站。显然，我们的工作不知在什么地方出现了纰漏。而此时，我们已经在赤道附近，距此前的潜标位置数百海里之遥。首席科学家同船长商量后，决定返回去打捞那套潜标并重新将其布放入水。毕竟在潜标上系挂的设备都是国有的财产，更何况还需要利用这些设备采集时间期限为一年的观测数据。如此，我们将需要额外航行两天的时间，同时船舶的油耗也额外增加了许多。事后发现，那套潜标的凯夫拉缆绳在靠近海底的一段由于长期的磨损发生了断裂，导致整个潜标上浮至水面。还好，潜标上的仪器和设备基本上都未损坏和丢失。

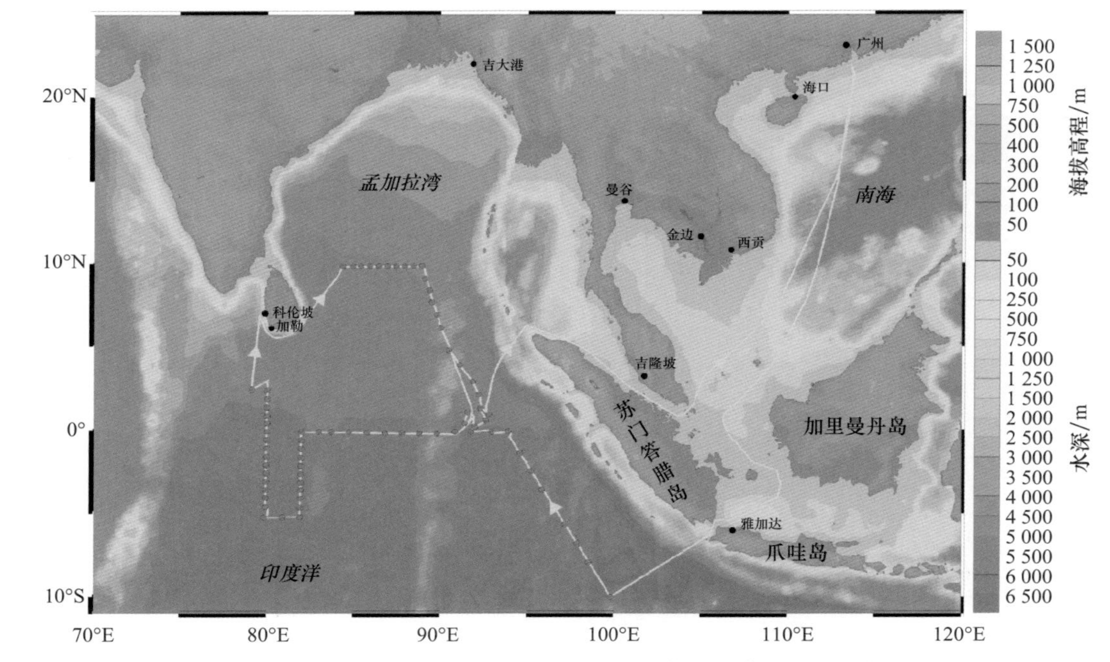

图 6.1a 赴印度洋科考和观测的航行路线图。在图中，标注了“实验 3”号海洋科考船的航行轨迹和观测站位（圆圈）。整个航次历时 2 个多月，中间需要在斯里兰卡的科伦坡港停靠，进行燃料、淡水和生活物资的补给。部分船员和科考队员也在科伦坡港换班。图件的底图采用 Ocean Data View 软件绘制（绘图：郑薇）

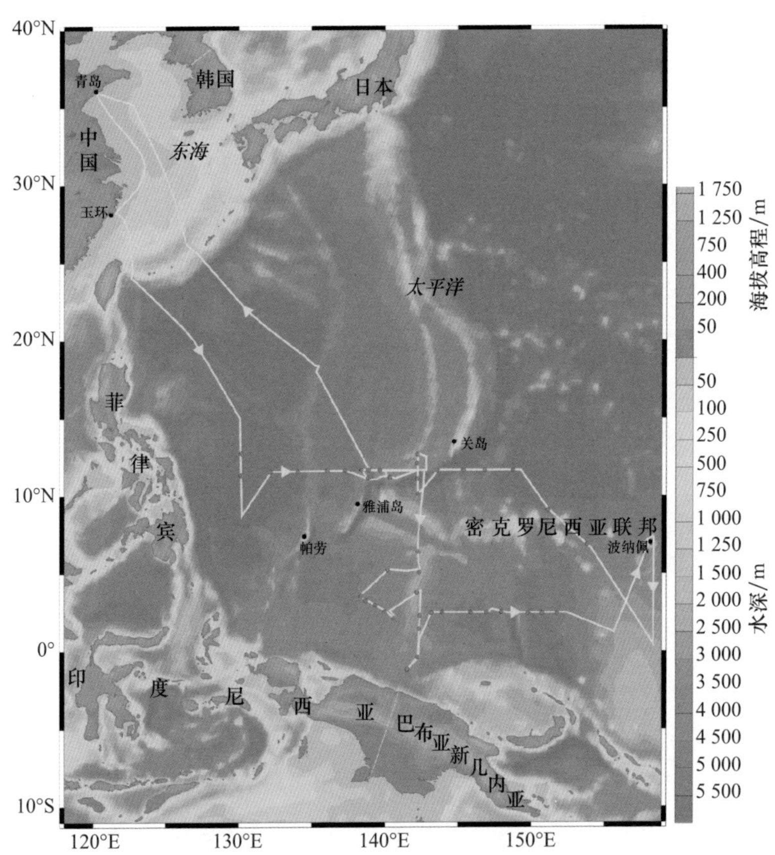

图 6.1b 赴热带西太平洋和赤道地区科考和观测的航行路线图。在图中，标注了“科学”号海洋科考船的航行轨迹和观测站位（圆圈）。整个航次历时两个多月，中间需要在密克罗尼西亚的波纳佩港停靠，进行燃料、淡水和生活物资的补给。部分船员和科考队员也在波纳佩港换班。图件的底图采用 Ocean Data View 软件绘制（绘图：郑薇）

后来，当我们做到赤道断面的东经 82 度附近时，按照原来的设计方案“金星”号海洋科考船应该折向南边，继续观测到南纬 7.5 度附近的水域。然后，转向西至东经 80 度后再折向正北并回到赤道附近，以便认识在印度洋东部的赤道潜流的分布范围、年际间的变动和强度的变化。但是，轮机长告诉我们，由于此前绕行马六甲海峡和返回到南纬 10 度去重新打捞和布放那套浮出水面的潜标，“金星”号所携带的燃油已经不够支撑完成原先在航次计划中的观测内容。在我们向南做到南纬的 2.5 度后，船长不得不做出一个很艰难的决定：提前折返并前往斯里兰卡进行补给。

经过一天一夜的航行，在次日的下午斯里兰卡的海岸就已经依稀可见了。我趴在前甲板的侧舷边，欣赏着这久违的陆地。渐渐地，城市的轮廓也清晰了起来。透过海面上薄薄的雾霭，可以远远地眺望码头边那橘红色的龙门吊车群。城市里面高矗的楼宇上的玻璃外墙在午后的阳光下闪耀着绚丽的色彩，绿色的、紫色的等等。附近过往的船只也多了起来，还有一些货船像是锚泊在附近。此时，船长从我的身边走过并告诉我说，今天我们还不能够进入科伦坡港，需要在这里抛锚过夜。见我感到困惑和不解，站在旁边的政委补充道，“金星”号海洋科考船的吃水比较深，接近 6 米。今天的下午和傍晚恰逢科伦坡港附近处于落潮和低潮位，部分地区的水深不足 10 米，我们进不去，要待在锚地候潮。等到明天的早上，待高潮的时候才能进

6.1 潮汐

在地表的海水除了受到地心引力和地球自转产生的惯性离心力的作用之外，还会受到来自天体（例如：月亮和太阳）的引力的作用。在天体的引力和地球-天体之间相对运动产生的惯性离心力的共同作用下，海面会发生周期性的升降变化，被称为潮汐。

引起潮汐的主要天体引力来自于月球，其次是太阳。由于地球与月亮和太阳之间的引力作用方向与赤道平面并不一致，会导致在一天中相邻两次的高、低潮之间在水位的高低和时间的间隔上都不相同。同样地，在一个月的时间内，由于地球、月亮与太阳之间的相对位置在不断地变化，也会出现潮差具有半个朔望月（注：大约14.5天）的周期变化。民间的俗话说“初一、十五涨大潮，初八、二十三烂泥滩”，即为此事。

英国的艾萨克•牛顿（Isaac Newton）和法国的皮埃尔-西蒙•拉普拉斯（Pierre-Simon Laplace）对潮汐理论的研究是这一领域早期和经典的工作。现在可以利用计算机进行调和分析来解决潮汐预报的问题。其中，需要考虑11～12个不同分潮之间相互叠加的影响。

潮汐对近岸地区的航行和海上观测的影响很大。在涨、落潮期间，瞬时的流速可以达到1米/秒至2米/秒或者更大；而且在一些地方，水深的变化也很明显。根据公式：

实际水深 = 海图水深 + 潮位高度 + 海图深度基准面 - 潮高基准面，

其中的后两项是指基准面与平均海面之间的高差。在船只进、出港时，需要了解当地的水深和流速、流向的变化。

港。此外，我们到科伦坡来靠港，需要有泊位空余出来才行；按照我国外交部给斯里兰卡的照会和下达给“金星”号海洋科考船的通知，我们应该在明天到达科伦坡，今天很可能没有空余的泊位预留给我们。稍后，在驾驶室里我看到了中国外交部给斯里兰卡政府的照会和对“金星”号海洋科考船在科伦坡靠港申请的批复文件。船长接着又讲道，按照惯例，明天上午“金星”号还要等科伦坡港派遣引水员过来登船并带领我们进港才行，外籍的船舶是不可以随意进出的。

刚上船时，每天的伙食都很好。顿顿三菜一汤，自助式的。餐后，还有新鲜的水果。每逢值夜班时，厨房会为大家煮一锅青菜鸡蛋的面条。如果有闲心，也可以自己到餐厅后面的厨房中做饭吃。经过一段时间，船上的蔬菜和水果的储备逐渐地减少了，但是厨师还是想办法做出许多的花样来。在科伦坡靠港期间，厨师要做的一项重要工作就是设法给“金星”号海洋科考船补给蔬菜和水果。

“金星”号在科伦坡港逗留的那几日，使得整个科考队从紧张的观测活动中得以暂时的喘息。期间，水头和轮机长联系当地的港务部门为“金星”号添加了淡水和油料，政委和二副请当地的外贸代理机构协助补充了蔬菜、水果和饮料。大副和厨师等人在凌晨搭乘当地的三轮“突突”计程车（Tuk-Tuk）到位于郊区的渔市购买了新鲜的鱼、虾以改善船上的伙食。那几日，科考队员们也没有闲着：一些队员因为工作任务结束了从科伦坡下船，然后搭乘国际航班回国。同时，也有新的队员从国内的不同单位和部门来到斯里兰卡，准备加入到下一个航段的观测活动之中。其余的人利用这三天的时间观光、游览和购物，

斯里兰卡的科伦坡港

位于科伦坡市郊的一处渔货市场，大副和水手长等在凌晨的时候前往那里，购买鱼虾以改善船上的伙食

暮色中的科伦坡市里的大街与计程三轮车“突突”（Tuk-Tuk）

科伦坡海滩边上的售货摊铺

每个人都有自己的计划。我本人也参与其中，先是与同伴在码头的门口租了一辆三轮“突突”车去了国家博物馆。在那里见到了一块15世纪明朝的郑和率船队下西洋时，在斯里兰卡南部的某地树立的一块名为“布施锡兰佛山寺”的石碑（注：历史上，斯里兰卡曾经叫作“锡兰”）。在那石碑上，当年用了三种不同的文字刻写了对佛教的赞誉（俗称“三字碑”）碑文。近期，那块石碑又被当地人找到并发掘了出来，移交和保存在斯里兰卡的国家博物馆里。在那块石碑的外边，国家博物馆还特地加工了一个精致的玻璃罩，予以保护。

中间的一天，我们租了一辆车子，去了斯里兰卡南部海边的一处古城加勒（Galle）。在去加勒的路上，高速公路两边到处是绿色的。司机不时地指给我看路边的茶园、橡胶林，并告诉我斯里兰卡著名的三大特产就是茶叶、橡胶与宝石。车窗前的视野中，青青的草地和颜色比较深的河流不断地变换着，丘陵上也覆盖着绿色的植被，民居就掩映在翠绿色的丛林和草地之间。加勒是一处世界文化遗产地址，当年荷兰的殖民者在这里修筑了一个规模很大的城堡。虽然城堡现在已经废弃了，但是那些曾经是炮台、机枪的射击垛口的位置仍然可辨。我和同伴就沿着城堡的墙头慢慢地踱步，边走边聊。脚下，印度洋的海水有节奏地拍打着海岸。海边不远处便是礁坪，海浪就在那里破碎了并且翻滚出千万朵白色的浪花。在城堡脚下的海水十分清澈，可以看到水下生长着的珊瑚和游动的鱼，以及礁石上

斯里兰卡的国家博物馆，里面保存着当年郑和下西洋期间留在当地的一块纪念碑

斯里兰卡南端的加勒（Galle）古城，里面当年殖民地统治者修建的城堡依稀可辨

加勒古城海边的一处灯塔，据说是当年殖民统治者留下来的“遗迹”

加勒古城中的一处穆斯林的礼拜堂（Mosque），但是其建筑的风格却是欧洲特色的

加勒海滩上的一只比较“古典”的单人渔船，远处的丛林中是一处修 / 造船坞

斯里兰卡的尼甘布，当地人在渔市外面的海滩上晾晒鱼干

尼甘布的一座教堂旁边的小学，孩子们在课间休息。学校里面的一位老师在几年前曾经在北京接受过培训

爬行的螃蟹。在城墙的拐角耸立着一座高高的白色灯塔，其底部掩映在一片随着海风摇曳的椰林之中。在城堡的内部有一个穆斯林的礼拜堂（Mosque），但其外形却像欧式教堂的建筑，很是奇特。在回来的路上，我们在路边的渔市稍作停留，那里有待售的沙丁鱼、金枪鱼、鲯鳅、鱿鱼，以及螃蟹和虾等，一堆堆地摆放在柜台上。旁边的地面上，还有几只被去掉了背鳍的鲨鱼，样子看上去比较血腥。

三天后，“金星”号海洋科考船准备离港了。上午的10点左右，天气晴朗，热带的阳光刺得人有些睁不开眼睛。“金星”号汽笛长鸣，三副在船长的指挥下，启动侧推装置，那船缓缓地横着离开了码头。然后，船首在港池的中间划了一个大大的半圆弧线，在一艘橘红色的拖船引导下，驶出了科伦坡港。渐渐地，四周的海水由淡淡的绿色开始变成深蓝，“金星”号也逐渐加快了速度。在我们的左、右两侧，绿色和红色的航道浮标交替地被留在了船尾的后边。穿过科伦坡港外边的锚地后，“金星”号海洋科考船开始全速行驶，前进、向南。我站在后甲板上，看着那螺旋桨搅拌海水形成了两朵很大的浪花，白色的泡沫翻卷着，从船尾伸向远处。渐渐地，科伦坡在海面的雾霭中变得遥远了，并最终消失在地平线的那一端。

傍晚时分，“金星”号在驶过了加勒附近的岬角之后开始拐向东面，准备绕过斯里兰卡后进入孟加拉湾。我到驾驶室去，想通过查看海图来确定“金星”号所在的位置、海底水深的变化，以及确认到达下一个观测站位的时间。在驾驶室值班的大副告诉我，我们一出斯里兰卡，“金星”号海洋科考船就被一艘印度的军舰给“盯”上了。从望远镜里看过去，在我们的左舷后面大约两海里的地方有一艘灰色的军舰跟着我们，编号好像是“F49”。我问大副，这里应该是斯里兰卡的地方，为什么会有印度的军舰出现？站在旁边的船长回答说，据他了解，斯里兰卡的经济专属区（Exclusive Economic Zone）是由印度的海军负责巡视的。这令我很是惊诧。经济专属区是一个国家行使主权的水域，竟然不得已交由别人代为打理？！我在“金星”号的雷达扫描设备上，试图搜寻和辨认出那艘印

小贴士

6.2 海洋经济专属区

根据1982年底通过的《联合国海洋法公约》（United Nations Convention on the Law of the Sea）中规定，经济专属区是指领海以外并邻接领海的一个区域，它的外边界是公海。此外，经济专属区从测算领海宽度的基线开始度量，范围不应超过200海里。根据《联合国海洋法公约》，沿海国家可对距其海岸线200海里范围以内的海域拥有经济专属权。

海洋经济专属区是一个国家主权的象征。设立海洋经济专属区，可以使得沿海国家有效地利用、管辖和保护各种资源和能源，并且针对相应的经济活动行使主权、制定相关的法规。

根据《联合国海洋法公约》的规定：在一个国家划定的经济专属区内，其他的沿海或内陆国家，享有无害的航行和飞越、铺设海底电缆和管道，以及与此相关的海洋及其他国际合法用途的自由。

度军舰的身份识别信息。但是，在显示器上除了能够锁定这艘舰船所在的方位和距离之外，别的一无所获。在航海界，民用船舶（譬如：商船、渔船、海洋科考船等）会通过船舶自动识别装置，将自己的身份和注册信息传送给过往的对方。但是，曾经在海军服过役的大副告诉我，执行任务的军舰是不会将自己的信息透露出去的。听罢，我恍然大悟。

稍后，在船上的科考队员中有同事从网上下载了“F49”船的信息，系一艘印度的“什瓦里克”级护卫舰，2012 年下水服役，满载排水量为 6 200 吨，长度为 142.5 米。在接下来的时间里，那艘印度军舰就这样“陪伴”着我们。在“金星”号于孟加拉湾中航行时，它就像一个幽灵一般远远地跟着，在我们停下来做观测时，那船也在相距 2～4 海里的地方停下来。开始，大家还很好奇，不时地用望远镜察看那艘军舰在什么地方，慢慢地便习以为常。有人甚至开玩笑地讲道，应该感谢那艘印度的军舰陪伴我们，不然“金星”号一定会感到孤独。我猜想，那些在军舰上的印度士兵，一定是时时刻刻地用望远镜观察“金星”号海洋科考船上的一举一动，他们应该比我们还“累”，以至于睡觉都不踏实。这种情况一直持续到大约一周之后，待我们在沿着北纬 10 度附近的所有观测内容都全部结束，“金星”号从苏门答腊群岛的西边折返回到赤道附近时，那艘军舰才消失得无影无踪、不知去向。

这次，“金星”号从科伦坡启程时上来了两个斯里兰卡的留

在孟加拉湾中，一直尾随在公海作业的“实验 3”号海洋科考船的印度军舰“F49”

在海洋科考船的雷达显示屏幕上，可看到过往船只的位置与航行的轨迹

学生，那是两个看上去很阳光、有朝气的小伙子。他们在国内的一个海洋研究所里攻读博士学位。其中一位的研究课题是利用卫星遥感的技术认识海洋表面的水温、盐度和植物色素含量的改变，并且同来自 Argo 观测的数据进行对比，以期将印度洋的表层水进行不同生物地理类型的分区。另外一位则是利用潜标的时间序列资料，认识上层海洋与大气之间的热交换通量、在过去的几十年中海洋表层（注：0～200 米）范围温度的变化趋势，以及分析台风经过的不同路径对海洋表面的热收支的影响。此后的一段时间，在“金星”号的航行期间且大家都不忙的时候，我会同两个斯里兰卡的年轻人聊天。谈论的话题从孟加拉湾的水文特点到斯里兰卡的文化与风土人情等等，范围很广，即所谓的“侃大山”。我发现，两位留学生对孟加拉湾附近的水文过程的分析比我在此前的理解要深刻得多，而且在一些地方甚至“颠覆”了我从文献或教科书中获得的认识。更有时，若遇到开饭的时间在餐厅中碰见那两个斯里兰卡的留学生，我会同他们凑在同一个桌子上，边吃边聊。在“金星”号海洋科考船上，我有幸品尝了他们从家里带来的自制腌菜，味道虽有些不同却很是爽口。作为回报，我也将自己从国内带来的一份腌制香椿芽辣菜送给他们。航次结束以后，我回到了上海。后来，其中一名斯里兰卡的学生还通过电子邮件寄来一些关于斯里兰卡附近海域的研究成果的文献，这种友情令我很是怀念。

五月份的第二个礼拜，“金星”号又折返到赤道印度洋的 90

度海岭附近。在这里要将两个月前布放到海底的 10 台监测地震活动的仪器打捞出水。航次的首席科学家还计划在位于 90 度海岭北段一处两侧峡谷在顶部交汇的地方做一个补充观测。上次，生物海洋学家们在这里发现，浮游生物的种类和数量比附近的其他测站高出许多。

每逢周六的晚上，伙房的厨师会给大家加餐。除了菜肴比平常种类更多、也更精致以外，还会提供饮料和一些零食。许多人也利用这个机会聊天、打扑克牌或者唱卡拉 OK 等。此刻，“金星”号海洋科考船在这个航次中的观测任务已经基本结束。首席科学家宣布说，明天下午“金星”号就将返航，不过在回到家之前，尚需航行大约一个礼拜的时间。旁边的伙伴们听到此讯，个个喜笑颜开。是的，“金星”号海洋科考船此行离开家已经两个月了，大家归心似箭。

次日的下午，工程技术部的工程师们最后一次将梅花式 CTD 从 5 000 米的海底附近拖上了后甲板。首席科学家通过对讲机向驾驶室发出了返航的指令。接着，“金星”号海洋科考船调转船头朝向东北，踏上了回家的旅程！

接下来的几日，每一天都离家更近了。在餐厅用餐碰到一起时，有人开始计算前面剩余的里程、何时到港，以及预订下船后回家的机 / 车票等等。在实验室里，我们开始将采集好的样本进行归类和整理，核对各自的工作记录。后甲板上，学生们将在观测期间使用过的仪器和设备用淡水浸泡、清洗，再放到空旷的地方晾干，然后是装箱和打包。此外，带队的同学还要负责联系物流公司，以便在“金星”号抵港后能够将物资和采集的样本尽快地运回上海。工程技术部门的同事也在后甲板开始将梅花式 CTD 拆卸下来并清洗上面的探头、保养绞车的钢缆，整理在打捞和布放潜标作业后剩余的出海物资等等。整个后甲板上，许多的人都在忙碌，到处都是拆卸下来的零件和用淡水清洗与晾干的物品，插足都难。我也根据首席科学家的要求，将我们课题组在整个航次的工作完成情况、样本采集记录的汇总，以及出现的问题等整理成一个工作总结交上去。在此基础上，航次的首席科学家将在下船时提交一份关于整个航次的观测任务完成情况的总结报告。

晚上，船长召集大家在餐厅开了一个会。会上政委同大家讲，在经过马六甲海峡到南海南部的巽他陆架这一段，夜里面要安排防海盗的值班。虽然，这里不像在电视的新闻中描绘的和电影中看到的在红海地区的索马里海盗那般穷凶极恶，但是在此前的确发生过海盗在夜里趁过往船只防护上的疏忽，潜到船上偷盗物品的事件。科考队员被分批安排在甲板上负责进行巡视和瞭望，每两个小时一班。不在当班的船员则分成若干个小组，准备应付若海盗在夜里登船时，可能发生的紧急情况。经过马六甲海峡时，我被安排于 22：00-0：00 之间在后甲板值班。夜里，“金星”号海洋科考船在四周漆黑的海面上全速航行，后甲板上所有的工作灯和探照灯俱开，照得四周通亮。还好，我们在经过这一段海域时，在夜里虽然不时地看到四周有船只的灯火出现，但是并未遭遇到任何船只靠近“金星”号海洋科考船的情况。

5 月的南海，风平浪静。偶尔，白天会有一些海鸟围着“金星”号海洋科考船的附近上空盘旋，不时地快速掠过海面并捕食那些由于受到航行船只的惊吓、跃出水面的小鱼。这时，我想起水头曾经对我讲过的，当见到很多的海鸟时，就表明在附近应该有岛屿或陆地的存在。

第五天的下午，驾驶室的值班员通过望远镜看到了前面远方在朦胧中的山峦并用内部电话通知了船上的首席科学家。一时间，船首的一侧传来了一阵骚动。人们争相拥到前甲板上眺望那尚时隐时现的陆地轮廓，内心中充满了远航之后重新回归家乡的那种期待和喜悦。在那天的傍晚时分，“金星”号海洋科考船在桂山岛外边下了锚。准备在次日进港。

伶仃洋大约是我见过的最繁忙的水域了，可谓千帆竞发、百舸争流。早上，天虽然已经亮了，但海面上仍然有一些雾。“金星”号海洋科考船驶过桂山岛后，便进入了伶仃洋水道。这里，进、出伶仃洋的船舶排成两列，依次前行，航行的速度也降到只有 4～5 节左右。在航道狭窄之处，对面过来的船只距我们的侧舷也就 20 米左右，可谓“擦肩而过”，就连船长也到驾驶室亲自操船。不久，我就在望远镜中又见到了竖立在岸边那熟悉的“虎门炮台”。当年，清朝的钦差大臣林则徐就是在这里销毁了祸国殃民的鸦片（即：史书上记载的“虎门销烟”）。下午，“金星”号进入了珠江，在抵达 76 号锚地后又停了下来。说是要在这里等待边防、海关和卫生检疫部门的联合登船检查，然后我们才能进港。晚上无事可做，我到后甲板去溜达，恰好水头也在那里。我们俩人一边抽烟一边聊天，海风顺着江面吹过来，习习拂面。谈到明天就要到家了，水头的脸上浮现出满满的笑意。入夜后，两岸的厂房灯火辉煌，不远处尚未合拢的跨江大桥在半空中看上去黑黢黢的。旁边，过往的夜航船舶的渔火如流线般在半空中划过，白日里的嘈杂也渐渐地平息了下来。

次日早饭后，“金星”号海洋科考船在空旷的江面上鸣笛两声，起锚后在珠江中缓缓地逆流上行。很快地，我们驶过了当年的黄埔军校旧址。拐过一个弯，新洲的码头就在眼前不远的地方，我们终于到家了。

航次结束后的返程途中，物理海洋学家们将作业期间使用过的工具放在废柴油中清洗，之后放在甲板上晾干。在我看来，如同孩子们读的“找找看”的动画书

在远洋的科考船上，甲板的空间常常也成为那些迁徙中的水鸟的落脚和歇息的场所

返航途中进入珠江以后，河道在黄埔军校的前面拐了一个大弯，远远地就看见了“实验 3”号海洋科考船将要靠泊的新洲码头

“实验 3”号海洋科考船返航途中经过伶仃洋的港珠澳大桥，彼时建设项目尚未完工和通车

昔日弥漫的硝烟已经散去，珠江口外的虎门炮台静静地矗立在伶仃洋的边上，显得有些冷清，但不远处的虎门大桥却是格外繁忙

在密克罗尼西亚的波纳佩港口进行补给和休整的中国渔船，它们来自浙江、山东和辽宁等地

Chapter 7

第七章

船长、水手和绳结

适应远洋科考船上的生活、融入其中的文化，应该是在海洋科学观测中首先学习的内容。只要用心，在科考船上工作的经历也将是个人成长过程中的宝贵财富。此外，生活在“金星”号上，与船员们朝夕相处，我也体会到那份浓郁的亲情。

07

我记得船长此前曾经驾驶过远洋的货轮，去过三大洋（注：太平洋、印度洋和大西洋），现在又操控着“金星”号海洋科考船。所以，在返程的途中一道喝酒聊天时，我便出于好奇向他打听一些事情。我问船长：驾驶远洋货船与海洋科考船的主要差别是什么？船长呷了一口玻璃杯里面的葡萄酒，悠然地讲到：远洋货运讲究的是将客户的货物安全和按时地运抵目的地。相应地，远洋货轮的航线、旅程和日期都是在事先就计划好的、比较地按部就班。除非在中间出现了什么不可抗拒的因素，比如说遇到台风时需要临时躲避或绕行，货轮在什么时间装货出发和何时到达目的地港口都是要很准时。相对地，海洋科考船所执行的任务、工作的区域是根据研究项目的要求确定的，可能每个航次都会不相同。而且，在海洋观测过程中经常会遇到计划之外的事情，比较多变，需要根据现场的情况不断地做出临时的调整。此外，在远洋货轮上，乘员比较固定、专业化的水准也比较高，时间长了大家都知道在工作中如何相互配合。在

“金星”号海洋科考船上，每一次出海的科考队员都不同，特别是有一些学生系第一次登船参加作业，事事都得操心。船长说到这里时，我回想起来，在风浪比较大的日子里，“金星”号的航行轨迹常常会是“之”字形的。遂插话道：“远洋货轮与海洋科考船之间是否也同在公路上跑的货车与公共汽车一样，公共汽车不仅要强调准时、安全，还要求比较稳当，不然乘客就会感到不愉快？”船长回答说，在海洋科考船上也要保障科考队员的生活尽可能地舒适，驾驶当然也要稳当。不然，瓶瓶罐罐都摔碎了，或者休息得不好，你们还怎么坚持工作呢？听罢此话，我心中感触颇深。

我曾经听船员说，船长当初从远洋公司改行到海洋研究所来工作，是觉得那时尚在中学读书的孩子正处于成长的关键阶段，希望在外面出差的时间少一些，方便照顾家。船长又接着说，这几年连续出海积攒了许多的假期，明年儿子即将中学毕业并要参加进入大学的国考，打算不出海了在家休假，多陪陪孩子。回想起来，自己的父亲当年也是为了我们舍弃了在城市里面按部就班的工作岗位，到边远的地区为生计奔波。此等哺雏之情，也是在许多年之后我才逐渐有所体会。

我见到在“金星”号海洋科考船内部楼道的某一层的墙面上，整整齐齐地贴着船员们的照片，上面个个帅气、阳光，脸上挂着灿烂的笑容。在照片的下面，有一条警句：众人凑在一起只能称作“聚会”，大家情同手足才能组成“团队”。

的确，生活在“金星”号海洋科考船的大家庭里，时时感到温暖和充实。“金星”号海洋科考船上的一日四餐，厨师们可谓“鞠躬尽瘁”。白天的三顿正餐顿顿都有多种选择、且不重样，厨师更是将每一周的食谱贴在餐厅的墙壁上（图 7.1）。正餐之间，还有一锅温热的米粥存放在电饭煲里，随时可以去加餐。午夜时分的“夜餐”，尽管在大多情况下以面条为主，但是或煮或炒，做法不时地令人感到新奇，更不用说卤汁和配菜的多样化。白天在赤道地区作业时，头顶上是炽热的太阳，脚下是热得发烫的甲板，此时厨师会做出一大锅降温防暑的饮料晾在那里。工作中的间隙溜到厨房，喝上一碗加了白砂糖的绿豆汤，会从心底里感到凉爽。同样在赤道地区，天气变化无常。常常作业进行到一半，头顶上不知从什么地方飘过来一大片乌云，顷刻间便大雨如注，从头到脚都湿透了。此时，厨房会煮一锅热的姜汤，喝在肚里、暖在心田。出海期间，我经常会在夜间值班，待天快亮时感到困乏，遂沿着船舷边的廊道踱步，等待着东方的海平面与天际间的那一抹橘红色的朝霞。很多次，在凌晨时分，我透过厨房的舷窗看到厨师在灯下烘焙早餐的糕点。那厨师很年轻、中等个头，说话时带一点腼腆，但厨艺却是相当了得。在随“金星”号出海的日子里，中间的一天恰逢我的生日。那天的傍晚，我在餐厅中着实遇到了莫大的惊喜：厨师为我做了一只蛋糕、一大碗西红柿鸡蛋的打卤面，上面还配了两只对虾，外加一份水果的色拉。此时，不知在谁的带领下，餐厅中的船

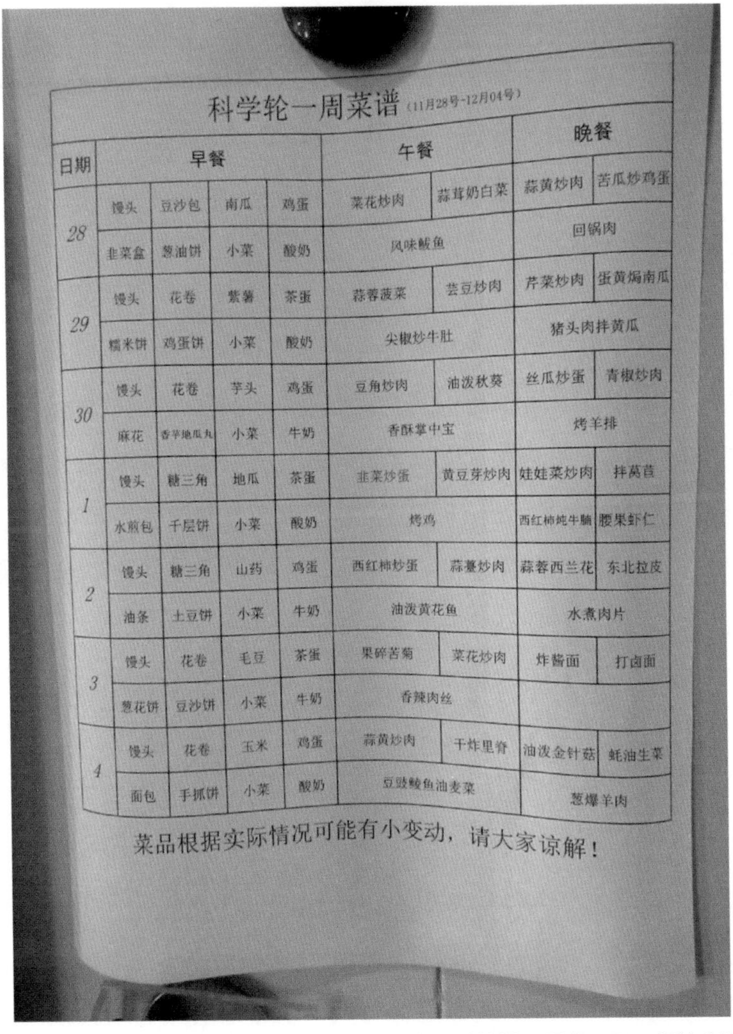

科学轮一周菜谱（11月28号-12月04号）

日期	早餐				午餐		晚餐	
28	馒头	豆沙包	南瓜	鸡蛋	菜花炒肉	蒜茸奶白菜	蒜黄炒肉	苦瓜炒鸡蛋
	韭菜盒	葱油饼	小菜	酸奶	风味鲅鱼		回锅肉	
29	馒头	花卷	紫薯	茶蛋	蒜蓉菠菜	芸豆炒肉	芹菜炒肉	蛋黄焗南瓜
	糯米饼	鸡蛋饼	小菜	酸奶	尖椒炒牛肚		猪头肉拌黄瓜	
30	馒头	花卷	芋头	鸡蛋	豆角炒肉	油泼秋葵	丝瓜炒蛋	青椒炒肉
	麻花	香芋地瓜丸	小菜	牛奶	香酥掌中宝		烤羊排	
1	馒头	糖三角	地瓜	茶蛋	韭菜炒蛋	黄豆芽炒肉	娃娃菜炒肉	拌莴苣
	水煎包	千层饼	小菜	酸奶	烤鸡		西红柿炖牛腩	腰果虾仁
2	馒头	糖三角	山药	鸡蛋	西红柿炒蛋	蒜薹炒肉	蒜蓉西兰花	东北拉皮
	油条	土豆饼	小菜	牛奶	油泼黄花鱼		水煮肉片	
3	馒头	花卷	毛豆	茶蛋	果碎苦菊	菜花炒肉	炸酱面	打卤面
	葱花饼	豆沙饼	小菜	牛奶	香辣肉丝			
4	馒头	花卷	玉米	鸡蛋	蒜黄炒肉	干炸里脊	油泼金针菇	蚝油生菜
	面包	手抓饼	小菜	酸奶	豆豉鲮鱼油麦菜		葱爆羊肉	

菜品根据实际情况可能有小变动，请大家谅解！

图 7.1 “科学”号海洋科考船上，在餐厅中张贴的某一周中一日三餐的食谱

员和科考队员唱起了《生日快乐》的歌曲。此情此景，令我感动不已，至今仍不能忘怀。这种情谊将会终生留在我的记忆里，

不会随着岁月的流逝而褪色。

现代的海洋科考船上常常也是一个国际化的大家庭，经常会有来自不同国家的科学家和研究生们一道参与在开阔海洋上进行的多学科观测。在科考船上，不同的文化理念之间需要相互学习和借鉴，不同的宗教习俗之间需要相互尊重，不同的生活习惯之间需要相互包容，不同的工作方式之间也需要相互协调，这是完成计划中的观测任务的重要保障。我记得在此前的一个航次中，上来了两位来自印度、一位来自孟加拉国的博士研究生一道工作。在航次出发前的例会上，政委特地嘱咐大家要尊重他们的饮食和生活习惯。鉴于那两位印度学生是素食者、来自孟加拉国的研究生的宗教信仰是伊斯兰教，在那个航次中厨师单独用一套炊 / 厨具为他们三人开小灶，每顿餐饮的菜肴都与我们大家不同。此外，厨师与政委还在餐厅中单独地划出一块区域，为他们三人预订了一个餐桌。遇到周末聚 / 加餐时，我们大家会喝一些诸如啤酒或者葡萄酒之类的含酒精饮料。出于尊重他人的宗教习惯的考虑，厨师会特地给来自印度、孟加拉国的留学生三人专门准备不含酒精的果汁饮品。有时，我们的学生见到国外学生的菜肴很是美味，便跑过去从他们那里“分享”一点。同样地，我们也会将我们携带的饼干、素食方便面等匀出来一些给他们。

遇到空闲的时候，我喜欢同船员聊天。水手们也乐于传授给我海上工作的经验、分享生活中的故事。航行期间，在布满星辰的夜晚，二副曾经教我如何使用六分仪确定方位角度。大厨也传授给我一个如何制作西式糕点的配方。我曾经很多次向船上的水手们学习不同的绳节打法和绳索的编结技术，譬如像编织那种停靠码头时抛缆绳前端的小球、插编钢丝绳、编织渔网结、水手结、猪蹄扣等等，但是过后因为缺乏实践就又都忘记了；待到下一次出海需要用时，再重新学起，以至于现在能够比较熟练运用的只不过三两种而已（图 7.2）。

图 7.2 “科学”号海洋科考船上船员们编织的各种绳结。船上水手们编织绳结的方法有数十种之多，此照片中所列出的只是其中的一部分。我在出海时，曾经许多次向船员、工程技术部门的工程师们学习编织绳结。但是，因我性情懒惰而且又疏于练习，过后不久就忘记了，以至于在日常能够使用的编绳技巧也就那么两三种而已

在“金星”号海洋科考船上生活的日日夜夜，我不仅体会到了船员的热情，也目睹了他们在工作中的那份认真和执着。在航行期间，水头会带领他的那帮兄弟们在甲板上除锈和刷漆。

彼时，甲板上的空气中弥漫着刺耳的金属打磨的声音、浓重的油漆味道，以及漂浮着的尘土、金属屑、油漆沫的混合物。尽管按照规定，水手们都得穿着工作服、戴着防护面罩，但在这炎热的赤道上露天工作，衣服都是湿漉漉的，想必面罩后面的脸庞也如此。在每个人的身上，汗水、金属屑、尘土和油漆混杂在一道，连体工作服都被染成了“花花绿绿”的颜色。一天的夜里下了雨，次日的早上地面还有些湿漉漉的。推开实验室通往后甲板的水密门，我见到两个水手趴在舷梯的两侧，正在把粗的麻绳整齐地缠绕在楼梯的台阶面上做成防滑垫，以免人们在上、下楼梯时不慎摔倒和碰伤，此情此景令人感到很是温馨（图 7.3）。

朋友，只要留心，在随“金星”号出海观测的每一天，你都会发现新奇。如果你恰巧在某天的夜里值班，那么次日的早上，会有幸领略如同火一样红的太阳跃出天际边的海面那一瞬间。可能会在甲板上见到头一天夜里“蹦”到甲板上但已经僵硬了的飞鱼，心中揣摩生物界的不可思议。白天在甲板上，你可能会在这一望无垠的大海上看到远处过往的货船,觉得“金星”号也有人陪伴。或许会看到成群的小鱼聚集并跃出水面，海面如同沸腾的汤锅一般，引得远处的飞鸟也来分一杯羹。傍晚若天气好时，你也可以看到落日缓缓地消失在西边的地平线以下，灿烂的晚霞将那平缓的海面染成了橘黄的颜色，一直铺向天边。夜里作业时，在那被甲板灯光映照的海面，常常会见到成群的鱿

图 7.3 “科学”号海洋科考船上“最温馨”的楼梯。水手们考虑到在下雨和有风浪的天气中裸露的楼梯和甲板上湿滑，人们在上、下楼梯时存在容易不慎摔倒和碰伤的风险，就用麻绳整齐地缠绕在楼梯的台阶面上，做成了一个个“防滑垫”

鱼、鲯鳅，偶尔还有海豚或者海龟围着船边洄游、觅食。彼时彼刻，你便会忘却了漫漫长夜带来的煎熬。出海的时间长了，会遇到月亮的盈亏轮回。待到十五的月盈的日子里，你会看到那一轮满月将平缓的海面照得通亮。那皎洁的月光铺就了一条通往天际的宽阔大道。待到月亏的日子里，在那一抹漆黑的夜空中，闪烁着斑斑点点的星辰，一道银河从头顶掠过赤道的上空。

我有理由相信，“金星”号是祖国众多海洋科考船中的一个缩影。为了中国的海洋科学事业、也为这一份职责和荣誉，这些船员们辛苦并快乐地工作着。尽管在我们的教科书中、在研究生们的博士论文中、在学术专著中可能看不到“金星”号海洋科考船和船员们的影子，但是他们的贡献却不应该被忘记。

Chapter 8

第八章

海洋科考，百年的变迁

在海洋科考船上的工作和生活经历，能够使人感悟到观测技术和装备的更新，及其对海洋科学的促进作用。同时，也使人有机会见证一个国家在海洋科学领域不断进步的足迹。

08

搭乘“金星”号出海观测的经历已经过去一段时间了。但是，我还是愿意经常地回忆那一段段难以忘怀的往事。我觉得，只有在出海观测的过程中，才会有机会体验在海洋中发生的各种事情，才能够更深刻地理解海洋科学。几乎在每一次出海观测的过程中，我都会有不同的体验，都会认识来自不同专业的科学家、学生、工程技术人员，都会有机会学习到新的东西。

200 多年以前，在现代海洋科学在欧洲诞生和发展的早期，物理学、化学、生物学、地质学构成了海洋科学的四个基本分支。时至今日，我们在国内的大学本科教学体系中仍然沿用这种学科划分的格局。在国家自然科学基金委员会的学科分类目录中，也还可以看到上述四个基本学科门类的影子。然而，海洋中发生的各种事情本身并不依据上述的学科划分。海洋科学中的许多问题若就其研究对象和实验方法而言也很不容易归入某个具体的学科之中。自 20 世纪的 50 年代以来，许多新的技术和方法被不断地引入海洋科学的研究之中，这使得它的学科构架在现今更加具有交叉与综合性的特点。而且，新的技术和研究理念的融入也增强了海洋科学的活力，促进了各个学科门类之间的不断交叉。我自己在几十年的学术生涯中也体会到和得益于这种学术理念的转变，以及新技术的引入对海洋科学的发展注入的活力和推动作用。这些变化不仅仅体现在我们各自日常的、比较独立的学术研究活动之中，也影响到在国际的学术舞台上那些跨地域的海洋科学研究计划的酝酿、提出与实施。相对于地球科学的其他领域，海洋科学的研究问题应该具有更强的国际性。以我个人的理解，海洋科学的研究在这世界上不仅仅是“民族智慧”的竞争，同时也是一种国家之间就经济实力、工程和技术实现能力，以及发展战略等方面的较量。原因之一是，海洋科学的研究应该着眼于整个地球。在经济与社会的发展趋同于全球化轨道的今天，海洋与整个人类的命运息息相关。

以我个人的观点，在历史上，中国与现代海洋科学的萌发擦肩而过。同样地，我们也没有赶上海洋科学在 20 世纪前半叶迅速发展的快车。回顾起来，恐怕我们这个民族在现代海洋科学理论的核心部分和技术的前沿领域缺乏实质性的贡献。譬如，回顾我国海洋科学的早期和系统观测的历史，大约是可以追溯到 20 世纪的 30 年代初期，当时的国民政府动用海军的舰船和十分有限的经费支持了海洋科学家进行关于渤海南部和黄海北部沿岸的海洋调查。而在欧洲，类似的工作可以追溯至 18 世纪的晚期。在 15-16 世纪，欧洲的许多国家借助于“地理大发现”

的机遇，纷纷实现了从陆地到海洋元素为主导的转换。而恰恰就在那一段时间，我们在经历了相对短暂的对海洋的开拓（例如：明朝的郑和下西洋）之后就关闭了通过海疆与外界联系的大门。海洋国家与陆地国家的差别之一在于前者将海洋视为开拓疆域、探索未知的机遇与财富，后者却将海洋作为隔绝世事、划分疆域的屏障和壁垒。

历史上，世界科学与技术前进的车轮不曾因为我们处于“沉睡”中尚未觉醒而停滞，便已经从旁边碾压而过，并将我们无情地抛弃在后边。就像有人讲过的，葡萄牙人费迪南·麦哲伦（Ferdinand Magellan）不需要等到波兰的天文学家尼古拉·哥白尼（Nicolaus Copernicus）及其追随者们最终建立了“日心学说”才能够实现绕地球一周的远航一样。同样地，意大利的航海家克里斯托弗·哥伦布（Christopher Columbus）在实现其横越大西洋、发现南美洲的“新大陆”之旅中，也无须现代海洋科学理论的指引。早期，海洋曾经被作为陆地疆土的边界，遗憾的是这个观念深深地根植在古代中国帝王们的头脑之中，以至于让他们丧失了对于开拓海洋疆域的雄心和意识。但是，即便是世界上最大的陆地块体，在这蓝色的星球上恐怕也只不过是一个个“浮动着的岛屿”而已。后来，伴随着“地理大发现”的步伐，海洋被看作是连接不同陆地的桥梁和纽带。海上的贸易和劫掠给欧洲国家带来了无尽的好处，使得人类的财富朝向欧洲空前地集中，同时也将宗教、文化和技术从欧洲辐散到商船和军舰所到之处。特别地，在中世纪之后，由于战乱和疆域的纷争阻断了陆地上贸易交流的畅通，于是海路的开拓使得海洋作为国际贸易的通道的重要性就变得更为突出了。但是，不应该忘记的是，在过去的数百年中，中国作为一个东方的文明古国，虽然具有悠久的历史和璀璨的文化，却一直没有实现从陆地到海洋角色的根本性转变。

在随“金星”号进行海洋科学的考察过程中，我注意到许多观测的设备是进口或者是仿制的，经典的测试方法和实验程序是别人在文献中已经发表的，甚至用以支撑我们对数据的分析和理解的基本理论和模拟技术也是依赖于他人在前期的成果。所以，若要想让中国的海洋科学秀于世界民族之林，我辈肩上的责任是很重的，并非逞一时之勇或一蹴而就的事情。从这个角度，我宁愿倾向于有一些“危机感”，仔细地审视我们的差距，而非就取得的一点进步就沾沾自喜与夜郎自大。在我们的周边，那些具有危机感的国家和民族往往都取得了成功。

海洋科学同自然科学的其他分支相比，一个重要的特点是它的“跨学科”性以及对观测技术的强烈依赖。在海洋科学的研究过程中，你可以“窥测”到自然科学中几乎所有其他学科分支的“影子”。既然现代的海洋科学本身也包括不同的学科分支，因而出海观测具有很强的多学科的综合性也就不足为奇。在科考期间的研究活动中，需要每一个人对本专业以外的其他学科具有相当程度的理解和尊重，在我看来这是实现合作与多学科交叉的必要条件。

除了“金星”号海洋科考船之外，过去我在其他国家工作和生活时，也参加过那里的海洋观测航次。现在新设计的海洋科考船上的生活条件几乎已经是接近优越了（图 8.1），其中的一些设施更是堪比陆地上的中档宾馆。在现代的海洋科考船上还会有健身房、娱乐的场所和桑拿房间，有些船上甚至还设计有免税商品店。但是，“金星”号毕竟是在 20 世纪 80 年代初下水的海洋科考船。以当时国内的技术实现能力，很多的设计理念都实现不了。“金星”号海洋科考船也是在后来经过多次的改

图 8.1　我本人在“科学”号海洋科考船上的宿舍，系单人房间，里面带有卫生间和淋浴设备

造，包括加装了侧推装置、导航与自动驾驶、淡水制备、污水和垃圾处理、卫星信号传输和接收系统等装备。在观测设备方面，“金星”号在船底安装了用于流速观测的走航 ADCP、测量海底地形的多波束的声呐；在侧舷安装了 A 型架，用于布放与回收观测海水剖面的梅花式 CTD 等等。期间，船上的生活设施也得到了大幅度的改善，譬如房间和实验室安装了空调、配备了洗 / 干衣机、增加了冷库，还有卫星电视。“金星”号海洋科考船上的政委来自岭南的客家地区，与我属同代人，如今已到了接近退休的年龄。聊天时，政委会回忆起 20 世纪 80 年代“金星”号刚下水后的头几年中在船上的生活。开始，“金星”号海洋科考船能够携带的淡水比较少，使用中会限时、限量；遇到出海的时间长了，每人每天只配额洗脸、刷牙的淡水用量，至于洗衣服就别想了。遇到雨天时，船员们都会跑到甲板上空旷的地方借用雨水洗澡，有时在身上刚打上肥皂，雨却又停息了，弄得好不尴尬。20 世纪的 80 年代，“金星”号海洋科考船曾被派出参加一个在赤道附近实施的国际上联合的观测项目，需要在热带西太平洋锚定并连续做三个月的海洋与气象方面的测量。那时，“金星”号上还没有配备侧推与动力定位的设备，在水深几千米的地方也无法按照常规的方式抛锚就位（注：用于抛锚的锚链长度一般在 250 米左右）。当时的船长带领船员，将从广州带出来的一只铁锚和一盘钢缆绑在一起，在船上硬是利用人力、吊机和绞盘将这数千米长、人工制作的“锚链”释放到海底，牢牢地将“金星”号固定在测站并最终顺利地完成了观测任务。说到这里时，政委的脸上露出了灿烂的笑容，应该是亲身经历了这些故事后发自内心的一种自豪，也感慨现在的海洋科考船上的装备已今非昔比。作为听众的我也被“金星”号海洋科考船的经历和在历史上发生的这些壮举所感染了，内心感受到了冲击。据说，“金星”号很快就会有一艘新的“姊妹”海洋科考船下水并开始服役。我们都憧憬着在退休之前能够有机会在新的科考船上再工作几年。那时恐怕我们就不需要再像现在这样费神费力地以用手工操作的方式采集痕量元素的样本了，政委打趣地对我讲。

我有一个同事是研究动物的，他能够在海况不好的情况下连续几个小时在显微镜下观察采集的海水或生物样本，进行挑选和分类，我颇为敬佩他的那种执着与“定力”。出于好奇，我也曾经尝试着在“金星”号的实验室里利用显微镜观察浮游生物的样本。但是，船在左右不停地摆动，显微镜头下的培养皿里面的样本在晃来晃去，浮游动物在水里面不停地游动。一会儿的工夫我就觉得眩晕了，还差一点呕吐出来，结果自然是“败”下阵来。自打那次的经历以后，我再也不敢在其他专业的老师们面前“逞能”了。

我在“金星”号海洋科考船上遇见一个“90后”的小伙子，在工程技术部工作；高高的个头、结实的身材，说话时声音洪亮，脸上总是挂着开朗的笑容。令我惊奇的是，虽然年轻，但他在后甲板的作业中，几乎样样精通：梅花式 CTD 操作、潜标的布放与回收，以及其他类型的观测设备（譬如：Argo 和测量湍流剖面的仪器）的使用。在休息时，这个小伙子还帮助我们采集样本和修理损坏的装备。而且，对观测器材的备件与配件的整理、准备，几乎做到了丝毫不差、有条不紊。有时工作忙、连续几天熬夜、眼圈红红的、趴在实验台上就睡着了；可是在随后的作业时依旧谈笑风生，毫无怨言。回想起来，工程技术部门的年轻人大都是 80、90 后，他们个个都有很强的专业技术背景，像机电设备、自动化控制、计算机软件、水声通信等等，各有专攻、合起来可谓十八般武艺俱全。他们来自祖国的五湖四海，其中一些人此前在别的海洋科考船、远洋捕捞渔轮甚至远洋货轮上做过事情。在甲板作业的空档，同这些年轻人聊聊过去的经历也是一种享受。能够有这样的一帮年轻的工程技术人员，无疑会使得我们的观测工作效率大幅度地提高，数据采集的质量也相应地有了保证。

的确，“三百六十行，行行出状元”，这话一点不假。在随着“金星”号出海做科学观测的日日夜夜，我学习到了许多在教科书上不曾读过的知识，掌握了在陆地上的日常生活中不曾运用过的技能，积累了在实验室的工作中不曾具备的经验。在出海观测中，我结识了若仅仅是待在校园不会遇到的同事，其中有些人成为我日后教学与研究工作的合作伙伴或是生活中的挚友。更重要的是，若有意，出海观测会是一个净化心灵、陶冶品性和丰富个人阅历的绝好机会。还有，我在随着“金星”号出海做观测的前、后数年以及日后的时间里，见证了一些年轻人从当年的博士研究生逐渐成长为成熟的海洋科学家，在当我进入花甲与退休的年龄时，这是一件回味起来令人颇感欣慰的事情。我还注意到，上船随“金星”号参加海洋科学观测的年轻人来自不同的地方、单位，所学的专业也不尽相同，且此前他们在自己人生的轨迹中也并无交集。但是，在“金星”号海洋科考船上生活和工作的日日夜夜里，彼此相识。中间的有些人更是相知、相爱并最后组建了共同的家庭。想必随着“金星”号进行海洋科学观测的经历，在这些年轻人的成长过程中也会留下刻骨铭心的烙印。

在本书结尾之前需要提醒读者的是，千万不要天真地以为读过教科书或者通过在教室的授课就可以理解和知晓海洋科学的观测，那将是错误的而且还有可能导致非常严重的后果。以我个人的观点，海洋科学的观测是集知识、工作 / 生活技能与随时间积累的经验之一体的大成。但是，我的确希望通过这本小书能够帮助那些有志于做海洋科学研究的年轻人领略其中的新奇、风险与困难，并尽早做好一些准备。

最后，回到本文所关注的海洋科学观测的本身。在随着“金星”号出海观测的每一天，我都为周围发生的“新奇”事物所感染着。这些事情中，有些是来自于自然界对我的感官和头脑中已有的知识构架的“撞击”，另外一些则是其他学科的技术、研究思路呈现的魅力对我的“熏陶”。

后　记

撰写本书的素材,许多来自于在过去的岁月中我多次随着“科学”号与“实验3”号两艘海洋科考船出海观测的经历。我参加开阔海洋的观测活动，完全是得益于国家自然科学基金委员会组织的“公共和共享航次”。在执行国家自然科学基金委员会的“溶解态铅在近海的剖面结构”项目(基金编号：41476065)期间，我本人参加了三次西太平洋、两次东印度洋的观测活动。

在此，我再次感谢上述两艘海洋科考船的船长和全体船员，以及同我一道参加西太平洋与东印度洋海洋观测的同事们，和大家一道共事的日日夜夜成为我个人生活中的宝贵财富，耐人回味并历久弥新。在本书结束之前，我还应该在此感谢许多同事，他(她)们在这项工作的构思和写作过程中给予了我无私的支持和帮助，不然本书将不会得以完成。中国科学院海洋研究所的肖天、朱萱老师，中国科学院南海海洋研究所的向荣、张兰兰老师，他(她)们用自己的研究成果支持我的写作，其中包括尚未发表的实验数据、内部资料、图片和照片等等。上海交通大学的连琏老师、华东师范大学的江山、蒋硕等阅读了本书的初稿，厘清了我的一些错误概念，并提出了非常宝贵的修改意见。我所在实验室的郑薇、金杰、曹婉婉、蒋硕等同事还帮助我修改和绘制了一些图件。中国科学院海洋研究所的刁新源老师和他的同事又从浩瀚的档案材料中帮我找出了关于“金星”号海洋科考船的珍贵历史资料和照片。最后，实验室的郑薇老师又帮助我补充了一些图件，资料和图书室的王敬老师通读了整个书稿并对其中的文字错误进行了订正。

本书付梓之际，已经到了 2020 年的春末夏初。自我第一次搭乘“科学”号与“实验 3”号两艘海洋科考船出海观测的经历算起，已经过去了若干年。这中间也发生了许多的事情。在曾经与我一道参加过远洋科考和观测的同事和朋友中间，有几位在 2019 年春于斯里兰卡的科伦坡发生的恐怖爆炸事件中，不幸罹难。他们年轻、朝气蓬勃，却将生命永远地定格在 30 多岁。回忆起我们一道同甘共苦、经风沐雨的日日夜夜，令我倍感珍贵；失去这些同事和朋友，在我的内心中又成为永远的痛！ 2020 年初，华夏大地上又遭遇了新冠肺炎疫情，原来计划的春季赴印度洋的科考航次也不得不推迟到秋天甚至更晚一些的时间。在我写下这段文字的时候，依旧未有听到关于航次的确切消息。

在结束本文的时候，我还想再次感谢海洋出版社的同事们。当初，在我同海洋出版社的赵萍老师谈及关于这本小书的构思时，得到了她热情的支持。海洋出版社的高英老师、周婧和其他编辑们特地为本书的出版召开了选题会，并提出了许多宝贵的意见。没有大家的支持和帮助，这本小书也不会有机会同读者们见面。